Das Buch

Als Elke Herbst und Martin Blath vor einiger Zeit auf Wohnungs-suche waren, kamen sie aus dem Staunen gar nicht mehr raus, denn in den Immobilienanzeigen im Internet und in den Zeitungen stie-ßen sie auf Perlen der Poesie, auf Rätsel, auf witzig Gemeintes und unfreiwillig Komisches. Im Formulieren von Wohnungsanzeigen toben sich Makler und Vermieter so richtig aus – der Immobilien-markt ist zu einem kleinen Paralleluniversum geworden. In diesem Buch werden die lustigsten, schrägsten und überraschendsten An-zeigen vorgestellt – und es wird erklärt, was sich dahinter verbergen könnte.

Zum Staunen und Lachen – treten Sie ein und schauen Sie sich um!

Die Autoren

Martin Blath, Verleger und Autor, und Elke Herbst, Juristin und Auto-rin, leben in Berlin. Und zwar ausgesprochen gern. Bei der Recherche zu diesem Buch haben sie völlig neue Seiten von Maklern und ande-ren Immobilieninserenten kennengelernt. Sie danken allen von Her-zen, die dieses Buch durch ungemein witzige Anzeigen erst ermög-licht haben.

KiWi
PAPERBACK
1300

MARTIN BLATH | ELKE HERBST

Wohnst du schon oder lachst du noch?

Die witzigsten Immobilienanzeigen

Mit Illustrationen von Thomas Plaßmann

Kiepenheuer & Witsch

MIX
Papier aus verantwor-
tungsvollen Quellen
FSC
www.fsc.org   FSC® C083411

Verlag Kiepenheuer & Witsch, FSC®-N001512

1. Auflage 2012

© 2012, Verlag Kiepenheuer & Witsch, Köln

Umschlaggestaltung: Barbara Thoben, Köln
Umschlagmotiv: © stockillustrations
Illustrationen im Innenteil: © Thomas Plaßmann
Gesetzt aus der Charter und Marker
Satz: Felder KölnBerlin
Druck und Bindearbeiten: CPI – Clausen & Bosse, Leck
ISBN 978-3-462-04474-4

Inhalt

Einleitung

Wie alles begann

Wer kennt das nicht? Man zieht in eine fremde Stadt, möchte mit dem Liebsten zusammenleben, Eigentum erwerben oder sich einfach nur vergrößern – und ist daher auf Wohnungssuche. Auch wir sind Wochenende für Wochenende zum Kiosk spaziert, haben stapelweise Zeitungen nach Hause geschleppt und die Immobilienanzeigen durchforstet. Parallel dazu waren wir in der großen weiten Welt der Internet-Immobilienmärkte unterwegs und haben uns Unmengen von E-Mails mit Angeboten schicken lassen.

Was wir dabei entdeckten, hat uns überrascht: »Cabrio-Wohnen auf der Kommandobrücke«, »Hier wird jede Begrüßung zum Defilee«. »Treten Sie ein in diese Welt des Geschmacks, der Noblesse, der Weltoffenheit.« Nicht einmal geahnt haben wir, welch großes kreatives Potenzial in Maklern und Vermietern steckt! Sie zitieren Christian Morgenstern, Oscar Wilde und Heraklit, greifen auf Pythagoras zurück und jonglieren mit griechischen Sprichwörtern. Lässig bilden sie waghalsige Sätze und überraschen mit klangvollen Wortschöpfungen. Ein Schlafzimmer wird zu einem Masterbedroom, man duscht nicht mehr, sondern begibt sich unter die Powerdusche. Und selbstverständlich trinkt man seinen Kaffee nicht auf der Terrasse, sondern im Outdoor-Essbereich.

Wir waren vollkommen verblüfft – und begeistert. Einmal angefixt, sind wir dann systematisch auf die Suche gegangen.

Abermals haben wir Hunderte von Zeitungsanzeigen unter die Lupe genommen und unzählige Stunden im Netz verbracht. Dieses Mal nicht auf der Suche nach einer Wohnung, sondern nach den witzigsten Immobilienanzeigen. Und wir sind fündig geworden, nicht nur bei Maklern, sondern auch bei Immobilienverwaltern, Bauträgern und Privatpersonen, die geradezu unglaubliche Anzeigen aufgeben. Wenn es um die Vermietung und den Verkauf von Immobilien geht, ist die Kreativität offenbar grenzenlos.

Die besten Fundstücke haben wir gesammelt und kategorisiert: In diesem Buch finden Sie daher von der Lage bis zur Freizeitgestaltung alles, was der Immobilienmarkt an Nonsens hergibt.

Inspiriert durch so viel Unfug haben wir uns selbst ans Werk gemacht und Anzeigen zu drei Kategorien getextet. Dabei haben wir selbstverständlich nichts erfunden, sondern einfach vorliegendes Material neu zusammengesetzt.

Und weil wir auch mal hinter die Kulissen blicken wollten, haben wir uns mit der Kölner Immobilienmaklerin Helga Püschel, bekannt aus der Doku-Soap »mieten, kaufen, wohnen«, unterhalten. Sie erklärt, warum eine Wohnungssuche viel mit Gefühlen zu tun hat und im Grunde wie eine Partnersuche funktioniert. All jenen, die eine suboptimale Schufa-Auskunft haben, können wir nach diesem Interview nur sagen: nicht verzagen!

Falls Sie Ihren Wortschatz erweitern möchten, blättern Sie bitte zum letzten Kapitel. Hier finden Sie Begriffe, die Sie vermutlich noch nicht kennen, aber umgehend benutzen möchten. Wer hat schließlich keine Lust auf »Wohlfühlwohnen«?!

Wir haben bei der Arbeit an diesem Buch unglaublich viel gelacht – und wünschen Ihnen ebenso viel Spaß.

Berlin, im Mai 2012   Martin Blath und Elke Herbst

Die erlesene Lage und die netten Nachbarn

Das ganz besondere Flair cooler Noblesse – und keiner poltert vorbei

Der Ort einer Immobilie gilt als klassisches Qualitätskriterium. Anders gesagt: Das erste Gebot bei der Immobiliensuche ist die Lage, die Lage und nochmals die Lage.

Das wissen auch Makler und andere Immobilienanbieter – und schwärmen von der Nähe zu S-Bahnhof, Flughafen und Schule, aber auch zu Siegessäule, Gedächtniskirche und Brandenburger Tor. Wer annimmt, ganz profan auf Wohnungssuche zu sein, wird eines Besseren belehrt: Er ist Tourist und hat sich für die Sehenswürdigkeiten der Stadt zu interessieren.

Neben Schule und Denkmal gibt es natürlich auch andere spannende Objekte im Umfeld einer Immobilie, zum Beispiel die Bad Cannstatter »Korsettfabrik S. Lindauer & Cie.«, in der im 19. Jahrhundert der Büstenhalter erfunden worden sein soll. Attraktiv ist sicherlich auch das Leben am Grunewald, die Baumwipfel und Tiere des Waldes immer im Blick. Für alle, die die närrischen Tage heiß und innig lieben, gibt es selbstverständlich auch das passende Angebot, nämlich die Wohnung, von der sie den Karnevalsumzug von einem absoluten Logenplatz aus genießen, ohne nass zu werden und ohne Drängelei.

Wenn das keine Gründe sind, sich für eine Immobilie zu entscheiden!

Im nahen Gewerbegebiet ist der Discounter tätig.

Wenigstens einer, der arbeitet!

Zwischen der Abtei Rommersdorf und dem Golfclub Rhein-Wied liegt dieses außergewöhnliche Einfamilienhaus.

Beten und golfen: Das ist ja mal eine breite Palette.

Vorteilig ist auch ein gepflegter SB-Markt, der sich jedoch nicht störend auswirkt.

Schulen und Kitas sind ebenfalls in der Umgebung integriert.

Und das funktioniert auch richtig gut so mit der Integration?

Die ausgeprägte Urbanität und pulsierende Lebendigkeit, aber auch der historisch wertvolle Hintergrund und die zentrale Lage machen den Stadtteil zu einem der attraktivsten Wohnstandorte Berlins.

Ja, so ein historisch wertvoller Hintergrund ist nicht zu unterschätzen.

Die fußnahen differenzierten Einkaufsmöglichkeiten sowie die Restaurants und Cafés rechtfertigen eine gute Wohnlage in diesem Gebiet.

Deutsche Sprache, schwere Sprache.

Die zwölf Stadthäuser im Diplomatenpark nahe des Tiergartens und des Potsdamer Platzes reihen sich wie Perlen einer Kette entlang der Planstraße zwischen Landwehrkanal und Tiergarten.

Viele der rund 10.000 Einwohner des Ortsteils kann man getrost zu den »oberen Zehntausend« Berlins zählen.

High, high, high society!

Es versperren einem keine Bäume
die Sicht auf die Dächer Berlins
und auf den Himmel.

Also eine Betonwüste!

Den Rhein gepflegt im Blick (provisionsfrei).

**Wäre aber schon schön, wenn man für den
Rhein auch noch eine gepflegte Provision
einstreichen könnte, stimmt's?**

Wenn Sie morgens erst nicht überlegen wollen,
wo Sie abends zuvor Ihr Auto geparkt haben,
wenn Sie nachmittags auch gerne mal in der
Sonne auf dem Balkon eine Tasse Kaffee trinken
und schnell dazu die Milch einkaufen gehen
können, wenn Sie sich abends auf ein Glas Wein
oder Bier mit Arbeitskollegen oder Freunden
treffen wollen und dafür dann bequem die
U-Bahn nehmen können, dann ist diese schöne
Wohnung sicherlich interessant für Sie.

DIE ERLESENE LAGE

Deutschlands einzige Lebensmittel-Fachschule befindet sich ebenfalls in Neuwied.

Das ist natürlich ein überzeugender Grund, sich eben dort niederzulassen.

Den Karnevalsumzug genießen Sie allein oder mit Freunden von einem absoluten Logenplatz aus, ohne nass zu werden und ohne Drängelei!

Leben am Grunewald, die Baumwipfel und Tiere des Waldes immer im Blick.

Entzückend!

Die S-Bahn hat die Mieter nach vielen Jahren nicht gestört.

Nach vielen Jahren waren die Mieter schwerhörig. Da störte auch die S-Bahn nicht mehr.

Geplant sind ein Reitgestüt, ein neues Restaurant sowie ein privates Spargelfeld.

Wir wollten schon immer mal reiten und dabei Spargel essen.

Moabit befindet sich seit Neuestem im Fokus junger Menschen.

Müssen wir da nervös werden?

Mittlerweile gibt es eine moderne ausgebaute Infrastruktur mit 3 Grundschulen, davon einer evangelischen, einer Waldorfschule, einem Gymnasium, einer Gesamtschule, der bekannten Berlin Brandenburg International School, 10 Kindergärten, 4 Horten, diversen Supermärkten und Handelseinrichtungen, Ärzten aller Fachrichtungen, 4 Apotheken, Postamt, Banken, Sparkasse, ca. 15 Gaststatten usw.

Da hat ja jemand den Ort mit einem großen Rechenschieber abgeschritten.

DIE ERLESENE LAGE

DIE FRÜHSTÜCKSBRÖTCHEN DER METZGEREI
REIERMANN Z.B. SIND ÜBER DIE GRENZEN
VON ZOLLSTOCK BEKANNT.

Das Haus befindet sich direkt neben dem Stadtwald und in der Nähe einer der beliebtesten Sportstätten der Welt, am Stadion des 1. FC Köln.

Trotzdem zweite Liga!

Dicht am Gericht.

Welche Zielgruppe hat der Makler hier im Blick?

In Bergisch Gladbach – Luxuswohnungen verfügbar: ca. 25 Minuten zu Shell und Ford.

Was für eine Lage!

Grünwald ist ein überaus familienfreundlicher Ort mit einem breiten Angebot und einer ausgezeichneten Infrastruktur. So befinden sich eine Grundschule, eine internationale Preschool, zahlreiche Kindergärten und Kindertagesstätten vor Ort. Gymnasien, wie das Albert-Einstein-, und das Theodolinden-Gymnasium in München, sind mit der Trambahn 25 schnell erreichbar. Weitere Gymnasien in unmittelbarer Nähe befinden sich in den Nachbarorten Pullach und Oberhaching sowie im Kloster Schäftlarn. In Grünwald wird bis 2014 ein Gymnasium entstehen.

Hier sollte jedes, aber auch wirklich jedes Kind zum Abitur gebracht werden können.

Außerdem liegt der deutschlandweit bekannte Bundesliga-Tennisclub »Grün-Weiß« vor der Tür.

Was für ein Add-on!

Feine Wohnung unweit von Frau Merkel!

Och nee, lasst mal stecken!

Die U-Bahn finden Sie direkt vor dem Haus, zur S-Bahn und zum Bus müssen Sie leider zwei bis drei Minuten laufen.

Keine Sorge, das schaffen wir.

Na, auch nah am Wasser gebaut? Ich in jedem Fall!!!

Heul doch!

Eine Kindertagesstätte und ein großer Spielplatz befinden sich ebenfalls in der Nähe   nah genug, um hinzukommen, weit genug weg, um nicht gestört zu werden.

Das ist fürwahr eine spektakuläre Lage! Savigny-Platz-Lagen haben seit jeher einen ganz besonderen Reiz. Bequem zu Fuß sind einige »Institutionen« erreichbar: Theater des Westens, Zoo, Gedächtniskirche, Stilwerk, Bücherbogen, A-Trane, Kranzler Eck, Fasanenstraße, Kurfürstendamm … Neben dem Kurfürstendamm sind es vor allem die Seitenstraßen mit 1.001 Geschäften, Restaurants und Kneipen, auf die allein schon jede andere deutsche Stadt neidisch ist. Ein ganz besonderes Flair cooler Noblesse, gepaart mit französischem Laisser-faire und Berliner Schnoddrigkeit – ein »abgefahrener Cocktail«. Und dazwischen der von der Kantstraße in Nord- und Südhälfte geteilte, einladend schön gestaltete Savignyplatz mit großzügigen Rasenflächen und lauschigen Separees. Rund um den Savignyplatz kann man von morgens bis tief in die Nacht ein aufregend schönes Leben leben. Wenn Sie doch mal über diesen »vergoldeten Tellerrand« hinausschauen wollen oder müssen, kostet Sie auch das aufgrund exzellenter Verkehrsanbindung nur ein Lächeln.

Theater des Westens, Zoo, Gedächtniskirche – geschenkt. Aber die lauschigen Separees …

Der Kiez ist bekannt für diverse kulturelle und sportliche Leckerbissen. **Guten Appetit!**

Der Stadtteil ist geprägt vom Flair der Alternativkultur, welche eine Symbiose mit dem urberlinerischen Kieztreiben eingeht.

Zahlreiche Vereine und vielfältige Angebote runden das umfangreiche Familien- und Freizeitangebot ab, wie z. B. die Konzerte im August-Everding-Saal der Musikschule.

Gibt es Interessanteres als Konzerte in der Musikschule einer bayerischen Gemeinde?

Neuenheim zeichnet sich durch seine günstige Lage, seine durch viele Villen geprägte Architektur, hervorragende Infrastruktur und viele Grünflächen aus, was sich vor allem steigernd auf die Mietpreise auswirkt und wohlhabende Bürger aus der gesamten Region anzieht.

Da loben wir uns doch ein Umfeld mit Nachbarn, die keine Reichensteuer zahlen!

In der Mitte Europas, dem kulturellen, wissenschaftlichen und politischen Zentrum der Stadt, befindet sich die Marienstraße, nur wenige Schritte von dem historischen Reichstag entfernt.

Nicht kleckern, sondern klotzen.

Die Anschlüsse an die deutschen Autobahnen gehen in Stadtautobahnen und mehrspurige Zubringer über und machen es somit dem Autofahrer leicht, Heidelberg schnell und problemlos zu erreichen.

Das gibt es nur in der Umgebung von Heidelberg!

Nahe gelegen sind: der mittelalterliche Kirchplatz mit Fachwerkhäusern und Wochenmarkt, Fachgeschäfte aller Art, Apotheken und Facharztpraxen sowie die Kirchen der verschiedenen Konfessionen.

Bielefeld: fest in göttlicher Hand.

Ein Gewinn bringender Nachbar,
der Stadtwald.

Hallo, Herr Nachbar!

Man hat hier sowohl Ruhe, Natur
und aber auch die Großstadt in
unmittelbarer Nähe und Einklang.

Was für ein Einklang!

Lambrecht, Stadt der Geißbockspiele. Die Stadt
Lambrecht mit rund 4.000 Einwohnern besteht
aus insgesamt sieben Gemeinden und liegt etwa
20 Minuten vor den Toren Neustadts. Geprägt von
heimischer Kultur, einer guten Gastronomie und
einem Höchstmaß an Freizeitmöglichkeiten präsentiert sich Lambrecht auch überregional als interes-
sante Stadt im Pfälzer Wald. Einmalig ist das auf
über 600 Jahre zurückzuverfolgende Geißbock-
brauchtum. Die Geschichte dieses Brauchtums wird
im »Geißbockspiel« nachgespielt, einer aufwendi-
gen Freilichtaufführung, die weit über die Grenzen
Lambrechts hinaus bekannt ist.

**Darauf haben wir
keinen Bock!**

Umgeben von malerischen Winzerdörfern mit ihren gepflegten Gassen, verwinkelten Innenhöfen und gut erhaltenen Fachwerkhäusern erschließt sich ein Großdorf mit mittlerweile städtischen Charakterzügen, das repräsentativ die Struktur der Region widerspiegelt und diese kulturell, sozial und wirtschaftlich befruchtet.

Die Nachbarn sind einfach super lieb, wo hat man das heutzutage noch :-)).

Das Haus liegt direkt gegenüber dem Uff-Kirchhof in Stuttgart-Bad Cannstatt. Dieser gehört zu den ältesten Friedhöfen in Stuttgart und ist im 8. oder 9. Jahrhundert an der Kreuzung einer römischen Straße entstanden. Er diente seit dem Mittelalter als Friedhof für die Gemeinde der spätgotischen Uffkirche. Die Taubenheimstraße wird alleeartig von hohen Bäumen besäumt. Übrigens wurde in der Korsettfabrik S. Lindauer & Cie. (1882) der Büstenhalter erfunden.

Studium der Geschichte abgebrochen und dann die Branche gewechselt?

Bad Cannstatt besitzt das zweitgrößte Mineralwasservorkommen in Europa.

Theo, wir fahren nach Bad Cannstatt!

Weiterhin wird der Bildung, der Jugend und dem Sozialen sehr viel Aufmerksamkeit gewidmet. Mehrere Kindertagesstätten, eine Volkshochschule, Alten- und Jugendzentrum ebenso wie Arztpraxen und ein REHA-Zentrum, Tennis- und Sportanlage sowie ein Freibad, Supermärkte, Metzgereien und Bäckereien prägen das Erscheinungsbild von Herxheim.

Sind die Metzgereien jetzt eher der Bildung, der Jugend oder dem Sozialen zuzuordnen?

Dieses großzügige Apartment liegt nicht nur unverschämt gut, es wird auch noch FRISCH für Sie hergerichtet!

Jetzt schlägt's aber dreizehn!

DIE ERLESENE LAGE

Zahlreiche Aktivitäten in der unmittelbaren Nähe.

Optimale Voraussetzungen für die Fortbewegung mit dem Zug sind ebenso gegeben, da Heidelberg an das deutsche ICE-Netz angebunden ist.

Tatsächlich an das deutsche?

Hier finden Sie neben Künstlern und Angehörigen kreativer Berufe auch den Banker und Manager – multikulturell eben.

Im Sozialkundeunterricht wohl nicht so ganz bei der Sache gewesen!

Das Objekt in dem beliebten Bezirk Lichterfelde lässt sofort erkennen, dass die Mietergemeinschaft sich wirklich aus Menschen zusammensetzt, denen es wichtig ist, nicht nur ein gemütliches Heim zu bewohnen, sondern sich auch nur dann wohlzufühlen, wenn ihr nachbarschaftliches Umfeld von Menschlichkeit und, im weitesten Sinne, »füreinander da sein« geprägt ist.

Hat mal jemand ein Taschentuch zur Hand?

Westerland ist die Metropole, die sich aus einem einfachen Seebad mit viel Historie entwickelt hat und heute der Spot für eine Vielzahl von Veranstaltungen ist.

Licht aus, Spot an!

Bedingt durch die Lage im Haus gibt es keinen Nachbarn, der an der Wohnungseingangstür früh morgens oder abends vorbeipoltert.

Bei den anderen Wohnungen im Haus kommt das aber schon öfter vor, oder?

DIE ERLESENE LAGE

Dieser Stadtteil bietet Ihnen eine perfekte Symbiose aus städtischer Infrastruktur und allen Vorzügen von suburbaner Wohnkultur.

Relativ ruhige Hausgemeinschaft!

Im Klartext: Hier wird gern gefeiert.

Kulturhistorisch im Schatten der römisch-germanischen Varusschlacht gelegen, genießt der Eigentümer die Nähe zu Osnabrück als auch zu Münster.

Wer möchte denn im Schatten einer römisch-germanischen Schlacht liegen?

Im kreativen Umfeld der unzähligen Bars, Cafés, Restaurants, Boutiquen und Galerien setzen internationale Künstler Trends, erschaffen hier die Originale für die multikulturellen Bohemiens, die aus aller Welt gekommen sind, um hier ein Stück Zukunft aktiv zu gestalten. Im elektrisierenden und vielsprachigen Umfeld der »ersten Adresse« der Stadt entstehen nicht nur Mode, Literatur, Architektur und Medien von morgen, sondern auch Lebensstile und -modelle, die den sich verändernden Gesellschaftsstrukturen Rechnung tragen.

Welch Adresse, welch Lage, welch große Nachbarn! Der Diplomatenpark entsteht genau dort, wo sich Berlin zur Metropole von Welt vereint: gediegen und exklusiv, angenehm und entspannt, bestens verbunden und doch wunderbar abgeschieden.

Völker der Welt, schaut auf diese Stadt!

Diese Lage klingt nach Leben mit perfekter Anbindung.

Klingt aber nur so, oder?

Auch eine hoffentlich nicht nötige medizinische Versorgung ist gegeben: Neben dem Kreiskrankenhaus in Belzig gibt es zudem niedergelassene Ärzte in der Nähe. Natürlich auch für die vierbeinigen Freunde.

Dieses romantische Altstadthaus liegt im Herzen der Altstadt.

Tatsächlich in der Altstadt?

Geschichte, Tradition und Lifestyle finden Sie nicht nur in Ihrer neuen Wohnung wieder. Die Chausseestraße, deren Geschäftigkeit Sie durch das vorgelagerte Luxushotel nicht hören, bietet Ihnen in unmittelbarer Nähe entspanntes Hauptstadt-Flair. In diesem Kiez sind Szene, Kunst, Restaurants und individuelle Läden dicht beieinander. Und wie der Name »Mitte« schon sagt: Von hier aus erreichen Sie alle aufregenden und interessanten Stadtteile in kürzester Zeit. Denn Sie stehen hier im Mittelpunkt!

Darauf einen Dujardin!

Das gesamte Angebot an kulturellen und kommerziellen Dingen steht zu Ihrer Verfügung.

Welch großzügige Geste!

Das Haus befindet sich in bevorzugter Wohnlage von Hörstel-Dreierwalde. Hörstel, Stadt im nördlichen Münsterland, am Teutoburger Wald gelegen vor den Toren von Rheine, zeichnet sich durch Dynamik, Kreativität und Vielfalt aus und hat viel zu bieten. Vielfältige Familienangebote, einen gesunden wirtschaftlichen Branchenmix für jeden Anspruch. Ein umfangreiches Freizeit- und Sportangebot, vielfältiges Kultur- und Vereinsleben und abwechslungsreiche Natur tragen zur Lebendigkeit der Stadt Hörstel bei. In einem Satz: Hörstel ist sehens-, lebens- und liebenswert!

Ein echtes Highlight, dieser gesunde wirtschaftliche Branchenmix in Hörstel-Dreierwalde!

Mehr Mitte geht nicht!!!

Muss ja auch nicht!!!

Grabau ist ein sehr schönes und historisches Dorf mit vielen Mitbürgern, die aktiv den Gemeinschaftssinn fördern und immer bereit sind, uneigennützig zu helfen.

Dass wir so etwas noch erleben dürfen!

Zudem sind Schule und Kindergarten bequem zu Fuß zu erreichen, und nur ca. 250 Meter entfernt befindet sich ein freies Feld.

Was sollen wir denn da?!

Auf den Südwesthang mit der herrlichen Aussicht haben die Architekten Rücksicht genommen.

Da ist der Südwesthang bestimmt sehr froh.

Im Herzen der Stadt mit einem wunderschönen Blick auf das Theater und den Schillerpark mit Springbrunnen steht das sanierte Jugendstilhaus in einer der renommiertesten Straßen von Cottbus.

Hört, hört, Cottbus und seine renommierten Straßen!

Die Nähe zu Frankfurt ermöglicht Flugverbindungen in alle wichtigen Wirtschaftsräume der Erde.

Wir reden von Mannheim!

In den Biotopen der Flusslandschaften, den Auenwäldern oder nahe den eiszeitlichen Dünen leben Pflanzen und Tiere, die Sie in Süddeutschland sonst kaum finden werden.

Hör ich da Malaria?

DIE ERLESENE LAGE

Im Herzen des Kölner Zentrums, in einer ruhigen Seitenstraße unweit des Kölner Szeneviertels gelegen, gehen das Urban Living und der Modern Art Style auf einzigartige Weise eine einmalige Symbiose ein.

In einer ruhigen Seitenstraße gelegen, können Sie Ihren Alltag genießen.

Eine ruhige Seitenstraße macht den Alltag auch nicht besser.

Das Tiergarten-Dreieck liegt im grünen Zentrum der Stadt und steht für die einzigartige Verbindung urbanen Lebens mit Hauptstadtflair und einer Mischung aus gehobenem Wohnen und Arbeiten in repräsentativen Gebäuden, die in ihrer gestalterischen Umsetzung rund um einen immergrünen Park ihresgleichen in dieser Stadt sucht.

DIE ERLESENE LAGE

Des Weiteren finden Sie mehrere
Ärzte, ein Alten- und Pflegeheim,
ein Krankenhaus (Marienhospital).

Puh, ist das eine attraktive Lage!

Die Lage am Wasserturm, in der
Nähe vom Kollwitzplatz, ist für alle,
die in dieser Gegend suchen, der
Inbegriff und das Ziel ihrer Suche.

Inbegriff der Suche?!

Von der Zentralität her ist diese
Wohnung nicht zu übertreffen.

DIE ERLESENE LAGE

Am Südwesthang in Idstein wächst
das Haus für Genießer.

**Aber immer schön gießen,
sonst wird das nichts!**

Das Fernglas ist unverzichtbar,
wenn Sie sich für das Haus oben
am Unteren Schellberg in Bad
Soden entscheiden. Es wird
nicht leicht, ob Sie den Blick in
die Mainebene von der Dachterrasse oder vom großen Balkon
genießen wollen.

Wenn das schon mit solchen Problemen anfängt!

Alteingesessene Frankfurter Familien, internationales Business, Kulturszene, Reiche und
Schöne ... im Westend kann nicht nur jeder
nach seiner Fasson glücklich werden, sondern
alle zugleich.

DIE ERLESENE LAGE

Mit guter Infrastruktur erreichen Sie
in wenigen Gehminuten den Bahnhof.

Sind unsere Beine die gute Infrastruktur?

Die Symbiose aus zentraler Lage und dem fast
ländlichen Erholungscharakter ist ein Geschenk,
wie es Ihnen heute keine zweite europäische
Metropole mehr machen kann. In unmittelbarer
Nähe zu den wichtigsten politischen Institutionen
des Landes genießen Sie die Freiräume und den
diskreten Luxus, den Ihnen diese perfekt in die
Parklandschaft eingebetteten Stadtvillen bieten.
Auch für den Aufbau politischer Kontakte und zur
Pflege bester Beziehungen auf höchster Ebene ist
der Diplomatenpark ein idealer Ort.

**Freiräume in der Nähe zu politischen
Institutionen zu genießen, stellen
wir uns ganz schön aufregend vor!**

Unter den heilklimatischen Kurorten
in Deutschland ist Bad Lippspringe
eine ausgesuchte Perle.

Herzlichen heilklimatischen Glückwunsch!

Bereits der Zugang über die parallel zum Wasser verlaufende Straße gestaltet sich durch seine exponierte Lage als komfortabel und einzigartig.

Elitär, elegant, einzigartig: Das Viertel südlich des Großen Tiergartens ist seit dem 19. Jahrhundert eins der vornehmsten Quartiere der deutschen Hauptstadt. Licht und Freiraum, Sicherheit und Komfort waren die Attribute, die Berlins Elite seinerzeit ins Tiergartenviertel zogen. Werte, die im Diplomatenpark ihre Renaissance im 21. Jahrhundert erleben.

Alle reden von Dekadenz. Wir nicht!

Wohnen zwischen Tiergarten, Landwehrkanal und Kurfürstendamm mit integriertem Pocket-Park für die Anwohner des gesicherten Areals.

DIE ERLESENE LAGE

Als Sehenswürdigkeit ist die Dorfkirche
von Rudow ein ansehnlicher Treffpunkt.

Wo sich an lauschigen Sommerabenden
die Dorfjugend trifft, um sich bei lauter
Musik zu betrinken.

Die Lage der Wohnungen in der Grundstücks-
tiefe bietet eine ruhige, durchgrünte und
zudem sehr gut belichtete Wohnqualität.

Eine unterbelichtete Wohnqualität
würden wir auch strikt ablehnen.

In dieser reizvollen Landschaft finden sich zudem
Orte, an denen man fast
jegliche Art sportlicher
Ambition verwirklichen
kann.

DIE ERLESENE LAGE

Schon im 19. Jahrhundert war das Areal des Diplomatenparks eines der feinsten Wohnquartiere Deutschlands, dessen Vorzüge wie die Nähe zum Regierungssitz und das angenehme Grün des Tiergartens, das die Vielmillionenstadt ringsum nur in ihren angenehmsten Facetten spüren lässt, bis heute nichts an Kraft eingebüßt haben.

Dieses Grün, diese Kraft, weckt in mir die Leidenschaft.

In unmittelbarer Nachbarschaft befinden sich eine 27-Loch-Golfanlage, Polofelder, eine Reitakademie, ein internationales Trainingszentrum für klassische Reitkunst mit Stallungen und Reithalle sowie mehrere Reithöfe.

Suchen wir eine Wohnung oder ein neues Hobby?

Dieses bevorzugte und gefragte Wohnumfeld wird gekrönt durch eine ruhige Sackgassenlage.

Ein hoher Baumbestand, gepaart mit Ruhe zum Hören, unterstreicht eine hohe Wohnqualität im Herzen von Zehlendorf!

Der Hain aus Lederhülsenbäumen und die acht großen Buchsbäume sorgen für ein angenehm belebendes Ambiente.

Warum gerade acht?

Die Nachbarschaft der Charité, das Spreeufer mit dem Schiffbauerdamm, die Nähe zum Deutschen Theater, zur Humboldt-Universität, zur Friedrichstraße, zu verschiedenen Botschaften kennzeichnen den Charakter der exklusiven Umgebung als exponiertes Geschäfts- und Kulturzentrum Berlins.

Exklusiv sind in diesem Quartier vor allem ein mörderischer Verkehrslärm und Horden von Touristen.

DIE ERLESENE LAGE

41

Dem besonderen Charme dieses Viertels erliegen vor allem kreative Köpfe. Sie finden hier ihren Lebens- und Arbeitsraum, in dem sie Projekte entwickeln, Netzwerke knüpfen, Partys feiern und Familien gründen.

Projekte sind immer gut.

Der Kurort Bad Sassendorf hat sich über die Jahre zu einem stimmungsreichen Refugium für Gesundheit, Entspannung, Kreativität und Kultur entwickelt.

Und ein Ende dieser Entwicklung ist nicht abzusehen.

Kurze Wege zu wertiger Kultur, Kunst und Gastronomie bieten genussreiche Tage und Abende. Neben dem Reichtum der Landschaft, den vielfältigen Möglichkeiten für Natur- und Weinliebhaber bietet die Gartenstadt Radebeul, auch das sächsische Nizza genannt, vielfältige Möglichkeiten des Wohlergehens, sehenswerte Architektur, anspruchsvolle Festlichkeiten, oft zum beliebten Thema regionaler Weinbau.

Weltkultur in Laufweite: Klassische Konzerte von internationalem Rang in der Alten Oper, das jährliche Schaulaufen der Schriftsteller auf der Buchmesse ... im Westend ist die Weltkultur immer zum Greifen nahe. Einen kurzen Spaziergang entfernt wird in einem der besten Häuser Deutschlands Wagner gegeben. Am selben Abend diskutiert im Städel die Creme der lebenden Bildhauer. Vielfalt ist, wenn mehr stattfindet, als man sich ansehen kann.

Nirgends ist München so niedlich ...

Und Literaturliebhaber finden im Café jede Menge Lesefutter zum leckeren Latte macchiato oder Steak.

Einmal Frank Goosen mit Pommes Schranke, bitte!

Auffallend ist die nach hinten ver-
lagerte Lage des Hauses, denn sie
erweckt ein außerordentliches Flair.

Die Lage profitiert von der Nähe zur
»Achse« – der Straße des 17. Juni –,
zum zukünftigen Nord-Süd-Tunnel
und von leistungsfähigen Straßen,
die Autofahrern die Orientierung
erleichtern.

**Das gibt es nur in Berlin:
leistungsfähige Straßen,
die uns die Orientierung
erleichtern!**

Eigentlich mag man ja gar nicht so recht nach
Hause. Nicht weil die Wohnung so doof wäre,
sondern einfach weil die Lage wirklich außergewöhnlich faszinierend ist.

Noch schnell abends am Tresen getextet?

DIE ERLESENE LAGE

RUHIGE UND NETTE NACHBARSCHAFT FINDEN
SIE HIER EBENSO WIE EINE DURCH DIE
GROSSEN SPIELPLÄTZE UND DIE NÄHE ZUM
HUMANISTISCHEN BERTHA-VON-SUTTNER-
GYMNASIUM HERVORRAGENDE KINDERFREUND-
LICHKEIT.

Das Allee-Center bietet kurze Einkaufsmöglichkeiten direkt am Ort und sorgt
zugleich für ein sauberes und lebendiges
Wohnumfeld.

So geht das aber nicht, liebes Allee-Center,
da hinten liegt schon wieder ein Stück Papier!

Hier sind Sie mittendrin und
schnell an jedem Ort der Welt!

Beam me up, Scotty!

Cineasten finden hier noch echte Kinos
statt Betonschachteln namens »Multiplex«.

Mit dem Pkw erreicht man die
Autobahnen in ca. 5 Minuten.

Und wie lange braucht
man mit dem Fahrrad?!

Als die »Grüne Lunge Ostwestfalens« ist Bad Lippspringe inzwischen bundesweit bekannt. Nicht nur atemwegserkrankte Gäste wissen das hier vorherrschende reizarme Mittelgebirgsklima und die hohe Luftqualität besonders zu schätzen.

Die Mieterschaft ist situiert.

Koblenz: Enge Altstadtgassen, romantische Plätze und eine frische regionale Küche sowie die unkomplizierte Herzlichkeit der Rheinländer machen neben den erlesenen Tropfen der Moselweinhänge das einzigartige Flair dieser Stadt aus.

Insgesamt fünf Autobahnen laufen über Mannheim.

Ja, wo laufen sie denn?

Der perfekte Grundriss
Herzstück mit Kontakt zur Küche

Die Wohnung könnte ein Traum sein – wäre da nicht der Grundriss. Der Flur misst gefühlte 20 Meter, es gibt zwei Durchgangszimmer, jeder Raum hat mindestens sieben Ecken, und der Weg in die Küche führt durch das Schlafzimmer.

Auch Makler kennen dieses Problem und haben die Lösung parat. So erzeugt der konsequente Verzicht auf lange Flure und Durchgangszimmer ein Wohngefühl, in dem Funktionalität mit erlesenem Komfort geschickt verbunden ist. Getoppt wird das alles, wenn keine Mauern den Fluss der Gedanken stören, keine Wände den Einfall des Lichts hemmen. Makler wissen eben, worauf es ankommt. Funktional und doch sinnlich. So soll er sein, der perfekte Grundriss. Ebenfalls im Angebot: rational geschnittene Küchen, sinnvolle Wohnungsschnitte und durchdachte Grundrisse. Den Romantikern empfehlen wir die Terrasse, die die offene Küche mit dem Nachthimmel von Berlin verbindet.

Planen Sie mit!

> Der Eingangsbereich führt direkt in den salonartigen Wohnbereich in L-Form mit Sonnenbalkon in Südwestausrichtung.

Achtung: Stolpergefahr!

Die Küche ist rational geschnitten.

Irrational wäre auch ein gehöriger Mist.

Das Haus zeichnet sich mit einem gepflegten Treppenhaus und separaten Mieterkellern aus. Wunderbar ist auch der Schnitt: funktional und doch sinnlich.

Na, noch alle Sinne beisammen?

Der Wohnraum ist aufgeteilt in zwei sehr geschmackvoll getrennte Räume mit Niveauunterschied.

Mit diesem Grundriss werden Sie Ihre Gäste beeindrucken.

Na endlich! Davon träumen wir seit Jahr und Tag.

DER PERFEKTE GRUNDRISS

Eine 2,5-Zimmer-Wohnung mit sinnvol-
lem Wohnungsschnitt, Abstellkammer
und Westbalkon in der obersten Etage.

**Beruhigend, dass es sich nicht um einen
sinnlosen Wohnungsschnitt handelt!**

In der geräumigen Diele können Sie
Ihre Gäste ohne Gedränge begrüßen.

Die Grundrisse dieser hochwertigen City-
wohnungen sind so unterschiedlich wie die
Bedürfnisse der zukünftigen Mieter. Ob der
berufliche Zweitwohnsitz, die große Maiso-
nette für Selbstständige oder eine gemütliche Familienwohnung, alles ist hier möglich.

Der Grundriss ist etwas
für Leute mit Ideen.

Hier ist allergrößte Vorsicht geboten!

Auch für den Balkon brauchen
Sie einen gemütlichen Zuschnitt.

Wohnfläche: ca. 233 m². Die Raumaufteilung der Villa erlaubt jedoch lediglich die Nutzung für 2 bis 3 Personen.

**Wir hätten gedacht, dass auf 233 m²
Frau von der Leyen und ihre Lieben
locker Platz haben.**

Der großzügige Kellerbereich verfügt
außerdem über ein Souterrainbüro in
hochwertiger Ausstattung, nebenher
finden Sie noch weitere herkömmliche
Vorrats-, Wein- und Lagerkeller.

**Büro neben Weinkeller: Da hat jemand
offenbar viel Selbstdisziplin.**

Der Grundriss ist gelungen, bitte beachten Sie jedoch, dass eines der Zimmer als Durchgangsbereich zur Küche fungiert.

Was verstehen Sie denn unter »gelungen«?!

Die Stadtvilla ist komplett unterkellert und bietet genügend Platz für die ganze Familie!

Leben alle im Keller?!

Einen Verwöhn-Grundriss haben Sie gerade gefunden.

Puh, jetzt geht's aber richtig zur Sache!

Der Grundriss ist etwas für Genießer.

Was mag das nur bedeuten?

Das Haus besitzt ein großes Raumangebot.

Dabei verbindet die großzügig
angelegte Terrasse die offene
Küche mit dem Nachthimmel
von Berlin.

**Makler können ganz
schön romantisch sein.**

Der gut durchdachte Grundriss ist
hervorragend dazu geeignet, sich
den Bedürfnissen seiner jeweiligen
Bewohner anzupassen.

Wie geht das?!

In manchen Wohnungen sind gradlinige Wand-
flächen dem unruhigen Spiel alter Mauern oder
dem Rund der Decken gegenübergestellt.

**Schön, dass wenigstens
die Wände gerade sind!**

DER PERFEKTE GRUNDRISS

Die Wohnung selbst wurde frisch
saniert und der Grundriss der Zeit
angepasst.

Innen- und Außenräume verschmelzen durch
großzügige Dachterrassen zu einer Einheit.

Der Grundriss ist mit zwei geräumigen
Zimmern sehr gelungen.

Den hätten wir auch noch hingekriegt!

Hier gehen Wohnwelten als Lebensräume
ineinander über. Keine Mauern stören den
Fluss der Gedanken, keine Wände hemmen
den Einfall des Lichts.

Das Thema Großzügigkeit setzt sich auch im Inneren des Hauses fort.

Die Wohnung wird zurzeit aufwendig renoviert, wobei der durchdachte Grundriss erhalten bleibt.

Erfreulich, dass der durchdachte Grundriss im Zuge der Renovierung nicht durch einen nicht durchdachten ersetzt wird.

Circa 260 m² Wohnfläche werden durch eine liebevoll als Wohnraum ausgestaltete Nutzfläche charmant ergänzt.

Der großzügige Wohnbereich mit offenem Kaminfeuer wird harmonisch ergänzt durch eine sinnvoll angelegte Küche zum angrenzenden Esszimmer und Wintergarten.

DER PERFEKTE GRUNDRISS

Als kleines Add-on liegt hinter der Küche noch die Mädchenkammer, welche noch als kleiner Raum gut genutzt werden kann.

Der 3-Zimmer-Grundriss hat es in sich.

Achtung!

Sinnlich leben in Charlottenburg: Die Wohnung verfügt über einen funktionalen und sehr sinnlichen Grundriss. Eine kleine Küche, genauso wie ein einfaches Wannenbad, gehören heute zu den wichtigen Bedürfnissen bei der Wohnungssuche. Beides wurde hier verwirklicht.

Eine große Küche und ein hochwertiges Wannenbad fänden wir noch sinnlicher!

Diese zwei Zimmer im Erdgeschoss
des gepflegten Mehrparteienhauses
sind gut geschnitten und nutzen
die Wohnfläche geschickt aus.

Echt pfiffig, diese beiden Zimmer!

In den Grundriss kann
man sich leicht verlieben.

Dann lieber gar nicht verlieben!

Drei gut geschnittene Schlafräume umgeben das Bad.

Es erwartet Sie eine stilvoll
ausgestattete Wohnung,
welche durch einen individuell
gelungenen Grundriss besticht.

**Lange gegrübelt, was man sich
darunter vorstellen muss – und
irgendwann erschöpft aufgegeben.**

Zentrum der Wohnung ist der lang gezogene Flur, um den sich die übrigen Räume anordnen.

Achtung: Hier gibt es mehr Flur denn Räume!

Für Wohnungsgemeinschaften gut geeignet und ein halbes Zimmer für Dackel Waldemar.

Herzlich willkommen in unserer Wohnungsgemeinschaft, lieber Waldemar!

Hinter der markanten Fassade verbirgt sich ein Dreizimmer-Grundriss zum Genießen.

Der Welt entrückt, weil vom Dreizimmer-Grundriss total entzückt!

Eine Fassade, hinter der Sie sich geborgen fühlen, solide und komfortabel die Substanz und professionell geplant der Grundriss.

Irgendwie beruhigend, dass hier nicht ein Azubi geplant hat, sondern ein Profi.

Im Obergeschoss befinden sich zwei große Schlafzimmer, die sich ein Designerbad teilen.

Jetzt müssen sich schon Schlafzimmer ein Bad teilen!

Die Raumaufteilung ist klar – ein Zimmer zeigt zur Straße und vom Schlafzimmer aus sicht man auf einen Hinterhof.

Klarer geht's nicht!

So richten Sie sich gekonnt ein

Die Garderobe für erhängte Ballkleider

Wer meint, ein Makler vermittle lediglich Wohnungen und Häuser, irrt. Makler können mehr, entschieden mehr. Sie geben auch Tipps für die optimale Gestaltung der Innenräume; denn sie wissen am besten, welche Möbel ein Muss sind, wo sie zu platzieren sind und welche angesagte Dekoration für das passende Flair sorgt. Auf einen Innenarchitekten können Sie da ganz entspannt verzichten.

Wollten Sie nicht schon immer wissen, wie Sie Ihrer Diele Anregendes abgewinnen können, was Sie mit Ihren Ballkleidern anfangen und wie Sie multifunktionale Erholungsoasen schaffen?

Dann sind Sie hier richtig!

Das Wohnzimmer bietet Ihnen verschiedenste Stellflächen für Ihre persönliche Einrichtung. Sie haben die Möglichkeit der individuellen Gestaltung, denn Platz für die Integration Ihrer gemütlichen Couch nebst Fernsehecke ist gegeben.

Endlich mal jemand, der sich Gedanken um die Integration von Möbeln macht!

In der Wohnung bleiben drin
die Eckbank und das Bettgestell.

Klare Ansage!

Die Küche nimmt Ihre Küchenzeile wie auch
einen Esstisch auf. Entlasten Sie Ihr Wohnzimmer von einem störenden Essbereich!

**Wir fragen uns ständig, wie man
das Wohnzimmer entlasten kann.**

Ein begehbarer Kleiderschrank
bietet reichlich Möglichkeiten für
Ihre Garderobe und was sonst
noch immer im Wege herumsteht.

Also immer rein mit dem ganzen Krempel!

Bitte beachten, dass im kleinen Schlafzimmer
keine großen Möbel untergebracht werden
können.

Wohnzimmer, Küche und Esszimmer sind durch Wandscheiben begrenzt und können somit als spannende Raumfolge erlebt oder auch als abgetrennte Bereiche genutzt werden.

Früher nannte man das Durchgangszimmer.

Auch gestalterisch lassen sich die Zimmer gut einrichten.

Die Eingangsdiele ist aufgrund Länge und ausreichender Breite zunächst prädestiniert für eine Garderobe, was im Eingangsbereich schon mal recht praktisch ist. Da wohl nicht nur Ballkleider dort »erhängt« werden, brauchen wir noch etwas Anregendes fürs Auge (von Ihrem Spiegelbild mal abgesehen): Eine kleine Privatgalerie zum Beispiel, die von Exponat zu Exponat peu à peu wachsen kann, drängt sich hier geradezu auf. Vielleicht auch eine Fotogalerie Ihrer Erlebnisse rund um die Wohnung, die dann per se kontinuierlich wächst.

Da war aber jemand gut drauf!

Im Kinderzimmer kann sich Ihr Sprössling eine eigene schöne Welt des kindlichen Wohnens mit Lern-, Spiel- und Schlafbereich schaffen, oder aber Sie nutzen eines der Zimmer als Ihren eigenen Arbeitsbereich.

An der Küche ist es möglich, sich einen Essplatz einzurichten.

Sitzt man dann beim Frühstück neben der Küche? Vielleicht sogar draußen?

Das Schlafzimmer bietet genug Platz für einen großzügigen Kleiderschrank und eine Arbeitsecke.

Schade, dass man hier kein Bett unterbringen kann!

Der Ergänzungsraum zum Arbeiten, Kommunizieren lässt sich multifunktional in eine Erholungsoase mit großem Bett, integriert in einer direkt beleuchteten Wand, verwandeln.

Die besondere Ausstattung

Außen liegender Sonnenschutz gemäß sommerlichem Wärmeschutz

Die Ausstattung einer Immobilie wirkt sich auf den Kauf-/ Mietpreis ganz entscheidend aus. Dementsprechend überschlagen sich die Makler geradezu, wenn es darum geht, besondere Merkmale ins rechte Licht zu rücken. Aus einer Deckenbeleuchtung werden schnell stylishe Halogenlichtleisten, Bilder im hellen Treppenhaus mutieren zu aufregender Kunst in lichtdurchfluteten Aufgängen, aus einer funktionierenden Badheizung wird ein Handtuchheizkörper, der Wärme in die Wellnessoase bringt. Selbstverständlich stellen Sie nicht einfach auf dem Thermostat die gewünschte Temperatur ein. Nein, eine Gastherme gestaltet Ihren individuellen Heizungswunsch. Apropos Heizen: Wer seine Energiekosten stets fest im Blick hat und auch noch lärmempfindlich ist, kann unbesorgt sein. Es gibt sie, die wärme- und schallgedämmt eingepackte Wohnung.

Und jeder Biker wird begeistert sein, wenn er von dem Lastenaufzug hört, mit dem er sein Motorrad in das Objekt transportieren kann. Manchmal geht es aber auch etwas praktischer zu. »Suppe kocht über, Soße verschüttet? Alles kein Problem, denn der Fußboden ist im Bereich der Einbaumöbel gefliest.« Da schlägt das Hausfrauenherz höher.

Finden Sie die Wohnung mit den optimalen Einrichtungs-Features!

Die Wohnung ist schall- und wärmegedämmt eingepackt.

Die Wohnung verfügt über ein großes Living-Wohnzimmer mit Verbindung zur Designerküche von Leicht.

Was in aller Welt ist ein Living-Wohnzimmer?!

Die große Sonnenterrasse ist ein Schmaus für Augen und Sinne.

Das Dachgeschoss ist ebenfalls über das Treppenhaus zu erreichen.

Wie schön, dass man nicht über die Feuerleiter klettern muss, um nach oben zu gelangen!

DIE BESONDERE AUSSTATTUNG

Im hellen, luftigen Obergeschoss befinden sich zwei geräumige Kinderzimmer mit Bad und einem großen Elternschlafbereich.

Ob es den Kleinen gefällt, dass sich ihre Eltern in den Kinderzimmern einen Schlafbereich eingerichtet haben?

Alle Fensterschrägen sind maschinell zu bedienen.

Wie das?!

Sollte Ihnen der Weg durch das schöne Treppenhaus mit wertvollen Deckenleuchten zu mühevoll sein, bringt Sie ein dem Niveau des Hauses entsprechender Aufzug lautlos in Ihre Wohnetage.

Also ganz ohne Ruckeln, Poltern und Krachen?

Das Haus wurde erdbeben-sicher (Stufe 2) gebaut.

Dann kann ja nichts mehr schiefgehen.

DER MASTER BEDROOM IST VERBUNDEN MIT EINEM GERÄUMIGEN BAD MIT BIDET UND POWERDUSCHE.

Die Wohnung überzeugt auch durch den mitvermieteten Keller.

Potz Blitz, so etwas gibt es selten!

Das gut belichtete 3-Zimmer-Apartment verfügt über ein geräumiges Bad mit Wanne und separater Dusche. Die warmen Farbtöne der Wand- und Bodenfliesen schaffen ein angenehmes Wohngefühl. Eine Ganzglasduschabtrennung rundet die Eleganz des Bades ab. Die warmen Farben des Eingangsbereiches und der Etagenflure werden in den Zimmern fortgeführt und durch wertvolles Eichenparkett vervollständigt. Die umfangreiche Markeneinbauküche, selbstverständlich farblich abgestimmt zu den Farbtönen des Apartments, ist mit allen Einbaugeräten für anspruchsvolles Kochen und Genießen ausgestattet.

Villa Kunterbunt?

In der Premium-Liga spielt diese Wohnung durch ihre repräsentative Ausstattung.

Na ja, jetzt wollen wir den Ball doch mal schön flach halten.

Ihr Kraftfahrzeug können Sie optional in der hauseigenen Tiefgarage abstellen.

Aber wirklich nur optional!

Die Wohnung verfügt über modernste BUS-Technik mit einem Touch-Panel zur Steuerung von Lichtszenen, Heizung und Musik.

Früher ging es weitaus profaner zu: Da knipste man das Licht an, drehte die Heizung hoch und stellte die Musik an.

Über eine Designer-Möbeltreppe, welche die Funktion von Regalen, Schrankeinhciten und tcilweise Beleuchtung aufnimmt, gelangen Sie in das Obergeschoss.

Die gespachtelten Wände, historische oder historisierende Türen, der Anschluss für einen Kaminofen und vieles mehr machen diese Wohnung zur perfekten Verbindung zwischen Altbaucharme und modernster Ausstattung.

Die Terrasse auf der Sonnenseite nimmt es bequem mit Ihrer Kaffeetafel auf.

Auf dieses Duell sind wir gespannt!

Die Einbauküche ist nagelneu in Weißlack und trägt den modernen Kochbegehrlichkeiten Rechnung.

In Flur und Bad sind stylishe Halogenlichtleisten angebracht.

Was nur ist an Halogen-leuchten stylish?!

Eine neue Gastherme gestaltet Ihren individuellen Heizungswunsch.

Es geht halt nichts über eine kreative Gastherme!

Ein Wannenbad, welches beidseitig von zwei Schlafzimmern aus zugänglich ist, und ein weiteres Duschbad sorgen für ausreichend Privatsphäre.

Was hat ein von zwei Schlafzimmern aus zugängliches Wannenbad mit Privatsphäre zu tun?

Vom großzügigen Entree erreicht man den Wohnbereich mit Kamin, Esszimmer, Bibliothek sowie dem Zugang zu einer Terrasse mit dem Outdoor-Essbereich.

Dort sitzen dann alle in ihren Outdoor-Jacken und erfreuen sich ihrer Outdoor-Aktivitäten.

Die angenehme Atmosphäre des Gebäudes ist auch vor der Haustür zu spüren – mit hochwertig gestalteten Außenbereichen und einer repräsentativen Vorfahrt.

Draußen ist es so was von angenehm! Man mag gar nicht ins Haus gehen.

Alle Räume sind mit hellem Laminat ausgelegt und einem zeitlosen Badezimmer.

Echt luxuriös, dass sich in jedem Raum ein Badezimmer befindet!

Über den Lastenaufzug im Haus könnten Sie selbst Ihr Motorrad in das Objekt transportieren.

Nach einer solchen Möglichkeit suchen wir seit ganz, ganz vielen Jahren!

Von der offenen Galerie können Sie am Geschehen im Wohnzimmer teilnehmen.

Der offene, voll funktionsfähige Kamin stellt ein weiteres Highlight dar.

Der offene, nicht voll funktionsfähige Kamin würde wohl ein weiteres Ärgernis darstellen.

Suppe kocht über, Soße verschüttet? Alles kein Problem, denn der Fußboden ist im Bereich der Einbaumöbel gefliest.

Unser Tipp: Mal einen Anfänger-Koch-kurs bei der Volkshochschule buchen!

Die Wohnung bietet alles, was zum entspannten Familienleben dazugehört. Ausreichend Platz für die Kinder und ein separates Gäste-WC zum ruhigen Start in den Tag.

DIE BESONDERE AUSSTATTUNG

Eine Durchreiche von der Küche zum
Essbereich macht das Wohnen perfekt.

**Erstaunlich, was eine einfache
Durchreiche zu bewirken vermag!**

Ein außen liegendes und wetterge-
führtes Verschattungssystem sorgt
auch an heißen Sommertagen für
angenehme Temperaturen in der
Wohnung.

**Hat da jemand zu lange
in der Sonne gelegen?**

Garten: diverse Obstbäume und Sträucher
(Süßkirsche, Him-/Brombeere), Weintrauben,
Rasenfläche, Rutsche und Sandkasten bei
Bedarf vorhanden.

Im Obergeschoss befinden sich die privaten Schlafräume und Bäder der Familie, zum Teil nochmals extra alarmgesichert.

Badezimmer mit Alarmanlage: Da machen ausgiebige Schaumbäder bei Kerzenschein doch doppelt Spaß.

Fünf Lifts schweben barrierefrei von der Tiefgarage in alle Etagen.

Ganz erstaunlich, dass Lifts barrierefrei schweben!

Das Schlafzimmer ist der einzige abgeschlossene Raum!

Im Bad befindet sich eine Fußbodenheizung vor den Objekten, um Ihnen den Aufenthalt so angenehm wie möglich zu gestalten.

SCHMALES SCHLAFZIMMER,
DAFÜR LANG.

Die Atrienhäuser bestechen durch aufregende Kunst in den lichtdurchfluteten Aufgängen.

Das Blutdruckmessgerät, bitte!

Viel Platz für das Vogelhäuschen.

Dass auch mal jemand an unsere gefiederten Freunde denkt!

Das EIB-BUS-System ermöglicht Ihnen in Verbindung mit modernster KNX-Technologie, mittels Ihres I-Phones jederzeit von unterwegs aus die Heizung oder Kühlung zu regeln, die Beleuchtung einzelner Räume zu steuern oder einen Blick in Ihre Wohnung zu werfen.

Es lebe die Technik!

Parkettböden, Heizkörperverkleidungen, Downlights sowie Einbauschränke wahren den Charme.

Schon der Eingang und das repräsentative Treppenhaus heißen Bewohner und Besucher auf gediegene Weise willkommen.

Das Vollbad und das direkt daneben gelegene Duschbad sind in hellen Tönen gefliest und bieten durch die Regenduschen einen hohen Erholungswert.

Ein großes Wohnzimmer mit offenem Kamin und ein schöner Balkon mit Sonnengarantie warten auf Sie.

Können wir das mit der Sonnengarantie bitte schriftlich haben?

Schwimmbad mit Zugang zum Garten bietet absolut einzigartigen und modernen Lebensraum.

Grübel, grübel: moderner Lebensraum durch ein Schwimmbad?

Raumhohe Fensterflächen nach Südosten und Südwesten fangen das Sonnenlicht ein.

Hasch mich, ich bin der Frühling!

Die Wunschausstattung im Bad macht das Aufwachen leicht.

Sofern man denn im Bad übernachten möchte oder muss.

Neuzeitliche Technik kombiniert mit historischer Authentizität.

Ein zusätzlicher Tiefgaragenstellplatz
befindet sich ebenfalls im Untergeschoss.

Wo sonst?!

Durchgehendes Laminat
gibt den Räumen Weite.

Hinter dem Bad befindet sich
die Küche. Der Zugang erfolgt
jedoch nicht über die Badewanne, sondern bequem vom
Zimmer aus.

Ein exklusiver Keller gehört zum Dachgeschoss.

Plausibel, absolut plausibel.

Die obere Wohnung besticht durch ihr Beleuchtungskonzept im Wohnzimmer, welche die Sicht in den Giebel besonders akzentuiert.

Ein schöner Waschtisch und Stellplatz für die Waschmaschine unterstreichen den tollen Standard der Einheit.

Ja, wirklich toll, dieser Einheitsstandard!

Wenn wir Schmuckstück schreiben, dann meinen wir das auch so. In einem historischen Haus mit imposantem Eingang und interessanter Klinkerfassade ist diese Wohnung eine echte Perle. Hohe Räume mit wunderbaren originalen Fenstern verleihen dem Objekt ein ganz spezielles Ambiente. Das Tageslichtbad weist einen interessanten Grundriss auf, ebenso die Küche. Alte Türen und ein hochwertiger Parkettboden schaffen zusätzlich Atmosphäre. Und unser ganz besonderer Hinweis: Es gibt ein Gäste-WC! Es bleibt also nicht viel mehr zu sagen ... diese Wohnung müssen Sie unbedingt live erleben.

DIE BESONDERE AUSSTATTUNG

Eine Videosprechanlage an der Wohnungstür bietet viel Sicherheit.

Da kann man mit den Einbrechern schon mal einen netten Schnack halten.

Die Fenster zur Straße sowie das Bad sind mit Rollladen versehen und verleihen zusätzliche Sicherheit.

Die Fenster? Wie das?!

Die Wohnung wurde komplett modernisiert und mit allen sinnvollen Elementen versehen.

Das beruhigt ungemein.

Die geschmackvolle und hochwertige Innencinrichtung des Badezimmers mit beiderseitig nutzbarem Badmöbel als Raumteiler zum Schlafzimmer verleiht der Wohnung den besonderen Charme.

Dieses Gebäude wird seiner außergewöhnlichen Lage gerecht: hochwertig und modern, klassisch und gediegen und mit großem Freiraum für Sie. Freiraum, der sich nicht nur über den hohen Wohnkomfort, ausgesuchte Materialien und eine sorgfältige Verarbeitung definiert, sondern der auch entsteht durch das Grün der Umgebung auf Terrassen, Balkonen oder Loggien.

Damit wir das richtig verstehen: Freiraum dank ausgesuchter Materialien, sorgfältiger Verarbeitung und Balkonprimelchen?

Das Masterbadezimmer mit Walk-In-Dusche und Badewanne ist tagesbelichtet.

Das nach den Grundsätzen der ganz-
heitlichen Medizin eingerichtete Haus
strahlt Wärme und Behaglichkeit aus.

**Klingt aber eher nach Waden-
wickel und Bauchschmerzen!**

Wenn Sie erleben wollen, wie ein vermögender
Adliger der Kaiserzeit so wohnte, müssen Sie
nur die fantastische Beletage dieses Gründerzeit-
objektes aus dem Jahre 1895 betreten. Schon das
Treppenhaus mit geschmiedetem Geländer, Mar-
mortreppen und dem Stuck ist ehrerbietig. Doch
spätestens beim Anblick der drei Prunkräume der
9-Zimmer-Wohnung dürfte es auch abgebrühten
Jugendstilexperten die Sprache verschlagen: 4,20
Meter Deckenhöhe und eine Vollstuckdecke im Stil
des Rokoko, wie es sie so in Köln kein zweites Mal
gibt! Es ist ein großer Glücksfall, dass dieses Objekt
den Weltkrieg und das architektonische Banausen-
tum der Nachkriegsjahre so gut überstanden hat!
Dieses Ambiente verkörperte einst Stil, Wohlstand
und auch Macht – und das gilt auch heute noch.
Ein Ambiente wie dieses dürften Sie in Köln nicht
sehr oft finden. Auf jeden Fall sind hier Kandidaten
mit Stil gefragt.

Die Küche ist ein separater Raum und verfügt über ein eigenes Fenster. So werden Sie unangenehme Kochgerüche schnell und einfach wieder los.

Das ist ja mal was ganz Neues!

Das flackernde Kaminfeuer zieht jeden in seinen Bann. Bescheiden, aber immer präsent, nehmen Sie den Kamin im Wohnzimmer wahr.

So sind wir nun mal: bescheiden, aber immer präsent.

Um dem morgendlichen Gerangel vor dem Badezimmer aus dem Weg zu gehen, steht Ihnen ein Gäste-WC zur Verfügung.

Endlich mal jemand, der die wahren Sorgen eines Mehrpersonenhaushalts kennt!

So entstanden Bäder, die zu echten Erlebnisräumen geworden sind.

Ausstattung:
Ofen (nicht nutzbar)

Klare Ansage!

Der Wasserdruck ist super, und das warme Wasser funktioniert einwandfrei.

Wenn das keine Pluspunkte sind!

Außerdem besitzt die Wohnung einen abgetrennten Schlafraum für schöne Träume und erholsame Nächte.

Beheizung der Wohn- und Schlafräume durch Bodeneinbaukonvektoren vor bodentiefen Fenstern für eine verzögerungsfreie Bereitstellung von Heizenergie bei hoher Behaglichkeit durch Ausbildung eines Warmluftschleiers vor den Fensterfronten.

Alles klar!

Spektakuläre Sonnenuntergänge inklusive.

Für einen eigenen Kühlschrank ist genügend Stellfläche vorhanden.

Das ist ja mal wahrer Luxus.

Die Wände und Decken befinden sich in einem ordentlichen Zustand und werden in diesem übergeben.

Schön, dass die Wände und Decken nicht noch schnell in einen unordentlichen Zustand versetzt werden!

Sicherung der Wohnungszugangstür mit Magnet- und Riegelkontakt, Überwachung schwerpunktmäßig, Bewegungsmelder im Flurbereich, Scharfschaltung über Schlüsselschalter oder Codeschalter, Schlüsselschalter bzw. Codeschalter mit Sabotageüberwachung, Alarmweitermeldung über Wählgerät, EMA-Komponenten mit VdS-Klasse A.

Endlich kann man wieder beruhigt schlafen.

Das Tageslichtbad hat eine gemauerte Dusche sowie eine frei stehende Badewanne. Hier finden Sie die nötige Geborgenheit.

Schlimm, ganz schlimm, wenn man schon bei einer Dusche und einer Badewanne Geborgenheit sucht.

Der lichtdurchflutete Flur bzw. das Wohnzimmer mit einer Deckenhöhe von über drei Metern und einer eigenen Akustikkoppel geben Ihnen genügend Freiraum, um richtig durchatmen zu können.

Das machen wir lieber an der frischen Luft!

DIE BESONDERE AUSSTATTUNG

Der Aufzug bringt Sie stufenlos vor die Wohnung.

Wie das eben so bei Aufzügen ist!

Zudem verfügen alle Wohnungen über eine Fußbodenheizung, welche auf optionalen Wunsch auch zur Kühlung verwendet werden kann.

Eine kontrollierte Wohnungslüftung sorgt ganzjährig für belastungsfreie Innenluft.

Also nicht nur an Weihnachten oder Ostern?

Abgerundet wird diese Immobilie durch den überdurchschnittlich großen, beheizten Keller.

Die rundum detailverliebte Ausstattung setzt sich mit viel Niveau fort, zum Beispiel in wunderbar praktischen Akzenten wie beheizbaren Kinderwagenabstellräumen.

Gewisse Standards müssen halt sein!

Hohe Türen sorgen für ein großzügiges Raumempfinden und ermöglichen fließende Übergänge zwischen den einzelnen Wohnbereichen.

Die für die Gegend typischen, handgesetzten, hohen Weinbergsmauern bieten angenehmen Schutz vor zudringlichen Blicken und nördlichen Winden.

Einfach lästig, diese zudringlichen Blicke und nördlichen Winde.

DIE BESONDERE AUSSTATTUNG

Außen liegender Sonnenschutz gemäß sommerlichem Wärmeschutz.

Etwas zu lange in der Sonne gelegen, oder was?

Ein Tennisplatz und ein Gemüsebeet auf der Nordseite sowie eine große Sonnenterrasse und ein Blumenbeet auf der Südseite des Hauses sind nur eine von vielen Möglichkeiten, die dieses Grundstück bietet.

Hinzu kommen verblüffende, technische Features wie smart living per integriertem I-Pad, ein ausgeklügeltes Audiosystem und zeitgemäße, energieeffiziente Clean-Tech-Lösungen in Sachen Haustechnik.

Nur die Gabel muss man nach wie vor ganz altmodisch selbst zum Mund führen.

DIE BESONDERE AUSSTATTUNG

DIE HELL GEFLIESTE KÜCHE MACHT
AUS JEDEM HOBBYKOCH EINEN
WAHREN GOURMET.

Neben Zentral- und Fußbodenheizungen warten Kaminöfen oder offene Kamine für romantische Momente und wohlige Wärmespendung auf ihren Einsatz.

Donnerwetter, wie die schon mit den Hufen scharren ...

Parks, Grünflächen und Wasserspiele werden blendfrei illuminiert.

Edle Bodenbeläge erfreuen das Auge.

Wenn nicht gar die Seele!

Das Wellness-Bad lockt zur Entspannung ins Obergeschoss.

DIE BESONDERE AUSSTATTUNG

94

Atelierverglasungen und französische Fenster, gekoppelt mit durchgesteckten Räumen für eine zweiseitige Belichtung, sind Ausdruck eines modernen Lebensgefühls.

Werden die Räume durch die französischen Fenster gesteckt oder durch die Atelierverglasungen oder umgekehrt oder wie?

Hochwertige Materialien fesseln Ihren Blick.

Ein weiteres Highlight dieser Villa befindet sich im Untergeschoss. Hier wird dem Automobilenthusiasten beim Betreten der Atem stocken. Über die dreigeteilte Tiefgarageneinfahrt erreichen Sie einen Automobilsalon, welcher mit einem hochwertigen Soundsystem von Bang & Olufsen ausgestattet ist und wo Sie bequem vier Fahrzeuge abstellen können.

Da kann man bei fetziger Musik an seinen Kisten herumschrauben.

Im Obergeschoss stehen ein helles, geräumiges Schlafzimmer mit zwei gut geschnittenen Kinderzimmern sowie einem Durchgangszimmer zur Verfügung.

Bemerkenswert: ein Schlafzimmer, das zwei Kinderzimmer und ein Durchgangszimmer umfasst.

Das voll ausgebaute Dachgeschoss kann sehr gut für ein Au-pair oder eine Pflegekraft genutzt werden.

Wieder an alles gedacht!

Die moderne weiße Küche ist zum Essbereich hin offen und durch Lichtspots in der Decke toll in Szene gesetzt.

Wir setzen unsere Küche auch immer in Szene. Täglich anders.

Klassischer Klinker trifft moderne Mega-Terrasse und moderne Einbauküche auf charakteristischen Bodenfliesen.

Zu gerne säßen wir bei diesem Treffen in der ersten Reihe!

Die soliden Stützen geben den großen Balkonen Halt.

Beruhigend!

Für die drei Schlaf- und Arbeitszimmer gibt es ein eigenes Bad.

Schön, dass nun auch schon Schlaf- und Arbeitszimmer ein eigenes Bad haben!

Vom Wohnzimmer aus haben Sie Zutritt zu Ihrem überdachten Balkon, der Ihnen die Möglichkeit bietet, aus jedem Wetter das Beste machen zu können. Somit wird jede Jahreszeit zum Vergnügen.

DIE BESONDERE AUSSTATTUNG

DIE WASCHMASCHINE STEHT CLEVER VERSTECKT

Im Innenbereich trifft man auf Großzügigkeit und überraschende Alternativen zum Normalen.

Da möchte man eigentlich nicht mehr wissen.

Der Handtuchheizkörper bringt Wärme in die Wellnessoase.

Ein funkgesteuerter Glocken-turm und viele geschmackvolle Details vervollständigen die Ausgefallenheit dieses Hauses.

Was sagen die Nachbarn zu dem Glockenturm?

Der Abstellraum sorgt für Ordnung im Haushalt.

Dass nun schon Räume für Ordnung sorgen!

DIE BESONDERE AUSSTATTUNG

Organisiert wird dieser Service über den Concierge, der die Zimmer reserviert, sich um den Check-in kümmert und auch nach der Abreise der Gäste dafür sorgt, dass alles seine Ordnung behält. Da können die Schwiegereltern auch gerne mal länger bleiben.

Hierzu gehören die repräsentativen Eingangsbereiche mit Holzpaneel und Messingbriefkästen, das Klingeltableau in historischer Form, Isolierglasfenster mit Holzrahmen in traditioneller Aufteilung, Gaszentralheizung mit Warmwasseraufbereitung, attraktive Hofgestaltung als Grün- und Erholungsbereich, Fahrradabstellplätze mit Gründach, Läufer in den Treppenhäusern und vieles mehr. In den Wohnungen wurden modernste Gebäudetechnik, luxuriöse Bäder und höchste Qualität bei der Ausstattung zum Wohle der Bewohner mitverbaut und mit dem rekonstruierten echten Stuck in Einklang gebracht.

Wie, bitte, kann man luxuriöse Bäder mitverbauen?

Hochwertige Möbel und ein künstlerisch anmutendes Spielobjekt sind locker im Kies der Innenhöfe verteilt.

Die liegen da also einfach so rum?

Die Küche ist komplett voll ausgestattet.

Sie verfügt über ein Wannenbad mit einem elektrisch zu öffnenden Oberlicht, in dem auch ein Waschmaschinenanschluss vorhanden ist.

Ganz erstaunlich: ein Oberlicht mit Waschmaschinenanschluss!

Der offene Kamin versteckt sich bescheiden in einer Nische.

DIE BESONDERE AUSSTATTUNG

Der Puls der Neuzeit schlägt in den modernen Installationen, die das gesamte Gebäude durchziehen.

Da geht ja was ab!

Die große Küche inklusive Einbauküche mit Ausblick ins Grüne versüßt Ihnen die Küchenarbeit.

Trotzdem beim Schneiden des Gemüses immer schön auf das Messer achten!

Das Bad ist mit einer begehbaren Dusche versehen.

Prima, dass man unter die Dusche gehen kann!

Die Gegensprechanlage ist neben
der Eingangstür angeordnet. **Wo sonst?!**

Echter Sonnenbalkon
ganz ohne Provision.

**Und für den Rest werden zwei Kaltmieten
plus Mehrwertsteuer fällig?**

Eine gute Seele von Hausmeister
sorgt dafür, dass alles läuft, nichts
herumliegt und alle zufrieden sind.

**So einen Hausmeister
hätten wir auch gern!**

DIE BESONDERE AUSSTATTUNG

Best of (1)

Unsere Anzeige
»Die besondere Ausstattung«

MÄRCHENHAFTER ALTBAU MIT RAFFINIERTEN EXTRAS

Umgeben von einem Park mit blendfrei illuminier-
ten Wasserflächen, Obstbäumen, Himbeeren und
locker im Kies verteilten Spielobjekten: Hier ist es,
Ihr neues Zuhause. Das ehrerbietige Treppenhaus
heißt Sie mit Marmortreppe, wertvollen Deckenleuchten und Stuck willkommen. Hohe Türen
sorgen für ein großzügiges Raumempfinden und
ermöglichen fließende Übergänge zwischen den
einzelnen Wohnbereichen. Das Living-Wohnzimmer
mit einer eigenen Akustikkuppel gibt Ihnen genügend Freiraum, um richtig durchatmen zu
können. Dank eines pfiffigen Touch-Panels können
Sie Lichtszenen, Heizung und Musik bequem vom
Sofa aus steuern. Die Designerküche ist Ausdruck
eines modernen Lebensgefühls. Das Masterbade-

zimmer mit Walk In Dusche verdient das Prädikat »Wellnessoase«: Die warmen Farbtöne der konzeptsicher abgestimmten Wand- und Bodenfliesen und die Ganzglasduschabtrennung schaffen ein angenehmes Wohngefühl. Hinzu kommen weitere verblüffende technische Features wie eine Scharfschaltung über Schlüsselschalter mit Sabotageüberwachung. Die Symbiose von Altbaucharme und zeitgemäßen Wohnerwartungen findet hier ihren perfekten Ausdruck.

Möchten Sie in der Premium-Liga mitspielen? Dann rufen Sie uns noch heute an.

BH Immobilienkontor
Telefon +49 30 11223344
www.bh-immobilienkontor.de

Große Gefühle

Dem Himmel ganz nah

»Verkaufen Sie mir nicht Ziegelsteine und auch keine Betonplatten – das kann der Baustoffhandel besser. Sondern verkaufen Sie mir Lebensgefühl, Wohnvergnügen, Prestige, Sicherheit, Geborgenheit, Glück, Eleganz und Bewunderung« (Kippes, Professionelles Immobilienmarketing, München 2001, Seite 565).

Diese Empfehlung haben Makler freudig aufgegriffen. Sie verkaufen keine Häuser und Wohnungen mit drögen Eckdaten wie Lage, Größe oder Ausstattung. Stattdessen bieten sie an:

- Kaffee und Croissant einschließlich Harmonie, Ruhe und schwerelosem Zustand,
- ein elegantes Lebensgefühl – noch dazu brillant inszeniert,
- Heckenrosen, die mit frischer Meeresluft um die Wette duften,
- leckere Fassaden und
- Architektur, die steingewordene Musik scheint.

Auch dem Badezimmer kommt eine überragende Bedeutung zu. Sie können wählen zwischen sinnlich an- oder aufregenden wie auch entspannenden Aromabädern und ausgiebigen Schaumbädern, die Energie für die nächsten Tage spenden.

Sehen, fühlen, riechen, schmecken, hören Sie selbst!

Diese sehr gemütlich und als kuschlig zu bezeichnende Erdgeschosswohnung beinhaltet alles, was man für einen Neubeginn benötigt.

Die Zukunft beginnt jetzt!

Gut beobachtet!

Das Schlafzimmer ist durch die Panoramaverglasung sehr sonnig und vermittelt Ihnen Entspannung und die süßesten Träume – oder noch mehr ...

An dieser Stelle einfach abzubrechen, ist unfair ...

Im Wohnzimmer ist der offene Kamin als Stimmungsmacher unverzichtbar.

Das klingt bedrohlich!

Die Küche mit den bodentiefen Fenstern umgibt Sie mit viel Wärme und Licht, sodass Ihr Essen zum unvergleichlichen Genuss wird.

Und wir dachten immer, dass ein Essen zum Genuss wird, wenn jemand gut kochen kann.

Hier können Sie im Anklang mit der Natur nach einem stressigen Tag ausatmen.

Total entspannend, wie sie anklingt, die Natur.

Stylishe Kleidung, coole Bars, gemütliche Cafés – hier kann man auch allein sein, ohne sich einsam zu fühlen.

Dank stylisher Kleidung fühlt man sich ja nie einsam.

Das Objekt besticht nicht nur durch die großen Zimmer, sondern auch durch das Gefühl, zu Hause angekommen zu sein.

Ist ja irre!

Von nun an kochen Sie in Ihrer wunderschönen, offenen Küche mit Blick auf den eigenen Garten. Drei Fenster im Schlafzimmer versprechen ein sonniges Erwachen. Das moderne Badezimmer nimmt Sie gerne am Morgen in Empfang und begrüßt Sie mit einem warmen Bad in Ihrer Badewanne.

Unser Bad ist da doch wesentlich nüchterner. Da gibt es morgens kein großes »Hallo und herzlich willkommen«.

Diese Wohnung hat alles, was man braucht, um entspannt der Zukunft entgegenzusehen!

Was mag das sein?

Ein absolutes Highlight ist sicher das Refugium auf der oberen Ebene; hier auf der zweiten Terrasse sind Sie dem Himmel ganz nah – ein Hochgefühl für Sie und Ihre Besucher!

Das Aufwachen macht in dem großen, schick ausgestatteten Bad mit Tageslicht immer wieder gute Laune.

Wird hier im Bad übernachtet?!

Hohe Flügeltüren verbinden die Räume zu einem offenen Wohngefühl.

Dieses Haus gibt Kraft.

Das klingt vielversprechend.

Das Schlafzimmer beinhaltet ausreichend Stellfläche für Ihr gemütliches Bett nebst Kleiderschrank. Liebevoll und romantisch eingerichtet wird Ihr Schlafzimmer zum Schlummerparadies, welches zum Träumen und Verweilen einlädt.

Na dann: Gute Nacht!

Diese herrschaftliche Immobilie bietet ein elitäres wie auch stilvolles Wohngefühl höchster Ansprüche.

Richtig Spaß macht das herrliche Studio im Dach mit der Dachterrasse für intime Momente.

Auf der Dachterrasse?!

GROSSE GEFÜHLE

Nicht zu vergessen ist die besondere Atmosphäre, die der Rhein einem vermittelt. Hier wird flaniert und entspannt ... das Gefühl von Urlaub breitet sich aus.

Gut, dann können wir den Yoga-Kurs ja wieder streichen.

Das dreigeschossige Wohnhaus mit den mächtigen Balkonen und den lustigen Gauben lacht Sie an.

Da lachen wir doch gerne zurück!

Das Kaminfeuer gibt Ihnen an kühleren Tagen zusätzliche Kraft und Geborgenheit.

Wirklich erstaunlich, was so ein Kaminfeuer alles leisten kann!

Eine geräumige Küche und zwei gut geschnittene Schlafzimmer komplettieren den Wohnspaß.

Ist das ein Spaß!

Kein Ensemble von Wohnmöglichkeiten, sondern eine Konzeption von Lebensgefühl.

Was für ein gar köstlich Gelaber!

Jetzt wird das Glück greifbar.

Endlich!

Wohnen, so schön wie in einem Traum, in einer Architektur, die steingewordene Musik scheint.

Wenn das Pythagoras hören würde!

Bequemlichkeit lässt sich nicht messen, dafür aber fühlen.

Steile These!

Das ist die Vorfreude auf jeden Sonnen-aufgang. Und auf ein schönes Stück vom Leben – jeden Tag.

Transparenz der Räume gepaart mit hochwertigen Materialien war das Ziel.

Und, ist es erreicht worden?

Im Innenhof des Ensembles fördert die niedrige Bebauung ein luftiges, freies Wohngefühl.

Morgens unterm romantischen Reetdach aufwachen, umgeben von Heckenrosen, die mit frischer Meeresluft um die Wette duften.

Kompliment: Rosamunde Pilcher hätte das nicht besser hinbekommen!

Das fast großzügig dimensionierte Bad bietet mit seiner Badewanne nach langen »Streifzügen«, insbesondere im Winter, die wohltuende Möglichkeit sinnlich an- oder aufregender wie auch entspannender Aromabäder. Schließlich gibt es im Bad eine Ablagefläche für Dutzende Flakons. So können Sie sich an jedem Tag des Monats in einen anderen Duft hüllen. Wem das nicht genügt, kann noch am Weichspülergeruch der Waschmaschine (zum Beispiel Rosenduft), die Ihnen im Bad Gesellschaft leistet, schnuffeln. Mit einem hippen Kronleuchter, der von der Decke baumelt, würde dieses Bad fast zum Boudoir.

Da war ein Schnüffler am Werk!

GROSSE GEFÜHLE

Die moderne Küche im Zentrum der Wohnung verströmt einladende Düfte beim Betreten der Altbauwohnung.

Die ganze Wohnung riecht also ständig nach dem gerade Gekochten.

Wenn hinter dem Taunuskamm die Sonne untergeht, wird es Zeit, den Rotwein zu entkorken und das Feuer im Kamin zu zünden.

Jetzt wird's romantisch.

Die Anlage, die bei aller Größe leicht wirkt, fast schwebend, ist in ihrem Inneren park-ähnlich begrünt. Hier entstehen zauberhafte Oasen – privater Raum, der das Wohnen und Leben nach außen auf wunderbare Weise erweitert.

Durch seine Transparenz öffnet sich das Haus den wechselnden Lichtstimmungen des Tages. Jede Stunde zeichnet die Sonne neue Muster von Licht und Schatten in den Räumen.

Entspannung findet im Bad statt. Tatsächlich?

Für das ganz persönliche Open-Air-Feeling reicht ein Schritt auf die großzügigen Terrassen und Balkone.

Das lichtdurchflutete Wohnzimmer mit dem offenen Kamin lässt das Herz vor Freude hüpfen.

Hüpf, Herzchen, hüpf ...

GROSSE GEFÜHLE

117

Das Urban Living der Großstadt, gepaart mit dem Modern Art, lichtdurchfluteten loftartigen Räumen über drei Splitlevels ergibt in Summe ein einzigartiges Lebensgefühl im Zentrum der Domstadt.

In der Summe wohl eher ein einzigartiger Quark, oder?

Die Choriner Höfe sind der Lebensmittelpunkt für Menschen, die die Dynamik der Stadt lieben und am Puls der Zeit sein wollen. Menschen, die dabei sein wollen, wenn es passiert.

Die Sonnenseiten dieser Villa sind so etwas wie das Fundament des Andersfühlens.

Vorsicht: Die Philosophen haben Ausgang!

Der herrliche Tiergarten lässt
den Traum von der Work-Life-
Balance Wirklichkeit werden.

**Da hat jemand wohl etwas
durcheinandergebracht ...**

Ein Genuss für die Sinne –
Kunst oder Architektur?

Keine Ahnung!

Hier fühl' ich mich
am zuhausesten.

Eine Wohnung der anderen Art! Nach-
dem Sie den Aufstieg in die vierte Etage
geschafft haben, erwarten Sie wunderschöne große, helle Räume. Hier kann
ich leben, hier kann ich sein! Hier kann
ich kreativ sein! Ein herrlicher Ausblick
auf die Stadt, hier fühlt man sich frei!

GROSSE GEFÜHLE

Von hier aus richten Sie Ihren Blick am Morgen auf das Farbenspiel der ersten Sonnenstrahlen, die Rheinbrücken in leichtem Nebel eingetaucht – das urbane Leben, wenn die Stadt erwacht. Diese Frische und das spiegelnde Wasser des Rheins belohnen den Frühaufsteher mit Urlaubsgefühlen. Am Abend zeichnen der Fluss, vorbeigleitende Schiffe, der Kölner Dom und das Lichtspiel der Altstadt ein romantisches Panorama.

Romantik pur!

Liebe zum Licht.

Wie jetzt?

Das zweigeschossige Wohnhaus macht zufrieden.

Das sind ja mal bescheidene Ansprüche.

Genießen Sie den Abend. Sie haben es sich verdient.

Danke!

Am Südwesthang, in der Bad Homburger Straße, steht das Wohnhaus mit der leckeren Fassade.

Hänsel und Gretel werden begeistert sein.

Im Winter kann die flach stehende Sonne durch die raumhohen Fensterelemente belebendes Licht spenden.

Macht sie das auch im Frühling, Sommer und Herbst?

Im Bad mit Sechseckwanne, Dusche und dem nach Maß gefertigten Waschtisch macht das Aufwachen richtig Spaß.

Übernachtet man in der Sechseckwanne?!

GROSSE GEFÜHLE

Schöne Proportion der Architektur und der Räume ist das Ziel. Die Einheit von Maß und Wert vermittelt das Gefühl von Harmonie. Harmonie ist aber auch die morgendliche Tasse Kaffee zum Croissant, die Ruhe und der schwerelose Zustand, den wir dabei empfinden.

So haben wir das mit dem Frühstück noch nie gesehen.

Die Stadtvilla ist nicht nur von außen schön anzusehen, das Leben darin bereitet viel Spaß.

Die Küche eröffnet Ihnen neue Möglichkeiten der Abendgestaltung und des Genusses. Für einen eigenen Kühlschrank ist genügend Stellplatz mit Anschlüssen vorhanden. Das gefliese Wannenbad wird Sie zum Schwärmen bringen und bei ausgiebigen Schaumbädern Energie für die nächsten Tage spenden.

Wohl wahr, mit genügend Stellplatz für einen eigenen Kühlschrank einschließlich Anschlüssen (!) steht den neuen Möglichkeiten der Abendgestaltung nichts mehr im Weg!

Tapezieren, Streichen & Co

Renovierungsaufwand nach Geschmack

Beim Umzug muss regelmäßig renoviert werden. Manchmal übernimmt der bisherige Mieter oder Eigentümer die Arbeiten. Wenn Sie Glück haben, war dann eine gnadenlose Rundumerneuerung fällig. Bisweilen richten sich die Immobilienangebote jedoch ganz klar an die Handwerker unter Ihnen – Selbstverwirklichung mittels Tapete und Farbe.

Legen Sie los!

Das Haupthaus ist ein klassisches Unternehmerhaus aus den Fünfzigerjahren. Der Zustand des Hauses ist gepflegt und entspricht seinem Alter. Sowohl die Modernisierung der vorhandenen Substanz als auch die komplette Neugestaltung sind hier hochinteressante Optionen.

So ein Abriss ist wirklich eine spannende Alternative.

!!!DIE WOHNUNG MUSS RENOVIERT WERDEN. ES GIBT VERMIETERSEITS MIETFREIHEIT!!!

Hier besteht akuter Handlungsbedarf!

Die Wohnung ist unrenoviert, wird unrenoviert übergeben, es muss gestrichen werden; ansonsten besteht kein Renovierungsstau.

Ein Stau muss dann auch reichen.

Ruhige Oase sucht fleißigen Handwerker.

Mit Renovierungspauschale von uns – hier können Sie sich selbst verwirklichen.

Endlich mal jemand, der unser Bemühen um Selbstverwirklichung unterstützt!

Ein altes Gebäude mit Flair und kompromissloser Erneuerung.

Hardliner!

Nutzen Sie diese historische Gelegenheit, ein Objekt dieser Güte und Lage erwerben zu können, denn mit nur einigen geschickten Renovierungsmaßnahmen wird das Haus neuzeitlichen und sehr komfortablen Wohnansprüchen gerecht.

Historische Gelegenheit: Noch bescheidener ging es wohl nicht.

Alle Wohnungen mussten sich einer gnadenlosen Rundum-Erneuerung unterziehen.

Noch so ein Hardliner!

Sie malern, wie Sie es wollen – wir zahlen die Renovierungspauschale.

Echt großzügig!

Mit einigen geschickten Renovierungsmaßnahmen bekommen Sie einen soliden und repräsentativen Familiensitz.

Solide und repräsentativ: Da ist aber einiges Geschick vonnöten.

Die Mieter erhalten circa vier Wochen vor Vertragsbeginn die Schlüssel für die Durchführung der Bodenarbeiten.

Makler aufgepasst: So geschickt lassen sich umfangreiche Renovierungsarbeiten verkaufen!

Die Wohnung sollte zu Einzug renoviert werden.

Fragt sich nur: von wem?!

Das im Jahr 1970 errichtete Nord-Haus im Bungalow-Stil bietet viel Potenzial zum Aus- und Umbau.

Immer diese Häuser mit Potenzial!

Die Wohnung wird unrenoviert übergeben, d. h., der Mieter kann selbst streichen und sich somit seine Wohnräume individuell gestalten.

So haben wir das mit der Renovierung noch nie gesehen.

Dieses 2-Familien-Wohnhaus hat weder Schimmel noch Feuchtigkeit, mit genügend Eigeninitiative, viel Entschlossenheit und handwerklichem Geschick sind Sie genau richtig hier.

Wenn schon das Fehlen von Schimmel und Feuchtigkeit ein Qualitätskriterium ist ...

Wir gewähren einen Monat mietfrei, damit sich die neuen Mieter durch kleine Maßnahmen in der Wohnung wohlfühlen können.

Man braucht einen satten Monat, um kleine Maß- nahmen durchführen zu können. Wie das?

Der Renovierungsaufwand liegt bei Ihnen, je nach Geschmack und Wunsch.

Echt einfühlsam, wie hier auf die Befindlichkeiten der Mieter eingegangen wird!

Es befinden sich auf dem Anwesen neben dem Haupthaus ein Wirtschaftsgebäude und ein Gartenhaus, welche beide bereits aufwendig saniert wurden und nur noch auf Ihre finalen Gestaltungswünsche warten. Es bleibt Ihnen noch genügend Raum für Ihre Gestaltung und zur Verwirklichung Ihrer individuellen Vor- stellungen. **Auf zum Finale!**

Die Wohnung wurde komplett renoviert und befindet sich in einer überdurchschnittlichen Gesamtverfassung.

Der Patient erfreut sich offenbar ganz guter Gesundheit.

Wenn wir von Vollsanierung sprechen, dann meinen wir Vollsanierung!!!

Wir auch!

Mit wenigen geschickten Renovierungsarbeiten wird das Haus modernen Wohnansprüchen gerecht.

»Wenig« und »geschickt«: Wir können nur zu größter Vorsicht raten.

Sie wird bei Vermietung in neu renoviertem Zustand übergeben.

Also nicht im alt renovierten?

TAPEZIEREN, STREICHEN & CO.

Interview mit Immobilien-maklerin Helga Püschel

»Wie beim Verlieben«

Die Kölner Immobilienmaklerin Helga Püschel erklärt, warum die richtige Nase die halbe Miete ist, bricht eine Lanze für Rechtsanwälte und erläutert, warum Gehaltsbescheinigungen reine Gefühlssache sind.

Frau Püschel, wie sieht das Profil des idealen Bewerbers für eine Wohnung aus?
Das wichtigste Kriterium ist zunächst der erste Eindruck, also die Persönlichkeit eines potenziellen Mieters. Das ist ganz, ganz wichtig. Wer steht da vor mir, gefällt mir die Nase oder nicht? Das ist schon mal der erste Schritt zum Mietvertrag.

Also ähnlich wie beim Verlieben sind auch hier die ersten Sekunden entscheidend?
Ja, das kann man auf jeden Fall so sagen!

Welche Rolle spielen dann noch die »harten Fakten«?
Nun, ein positives Erscheinungsbild ist natürlich nicht alles. Das, was Sie als harte Fakten bezeichnen, muss selbstverständlich ebenfalls stimmen. Ideal ist es schon mal, wenn der Interessent einen festen Job mit gutem Einkommen, keine Mietrückstände und keinen negativen Schufa-Eintrag hat.

Ist eine schlechte Schufa-Auskunft ein regelrechtes K.-o.-Kriterium?

Für mich zumindest nicht. Wenn der Wohnungsinteressent glaubhaft darlegen kann, dass der Schufa-Eintrag beispielsweise nur indirekt auf ihn selbst zurückzuführen ist, weil er vielleicht für jemand anderen den Kopf hingehalten hat, oder wenn unglückliche familiäre Umstände dafür verantwortlich sind, kann man durchaus über eine Ausnahme nachdenken. Mir ist es wichtig, jedem Menschen zunächst einmal offen und gesprächsbereit zu begegnen.

Aber gewiss gibt es andere K.-o.-Kriterien.

Es hat sich herumgesprochen, dass es gewisse Berufszweige gibt, die viele Eigentümer nicht als Mieter haben möchten. Lehrer und Rechtsanwälte beispielsweise.

Warum gerade diese beiden Berufe?

Weil hier seit Langem gepflegte Klischees einfach nicht aus der Welt zu schaffen sind: Lehrer diskutieren zu viel rum, und Rechtsanwälte zerren den Vermieter gleich vors Gericht, wenn der tropfende Wasserhahn nicht innerhalb von drei Tagen repariert ist. Was so natürlich nicht stimmt. Nach meiner Erfahrung verspüren gerade Juristen, die sich den ganzen Tag mit dieser Materie beschäftigen, keine Lust, das nach Feierabend im privaten Bereich fortzusetzen. Aber so sind halt die Sprüche draußen im Markt: Bitte alles – nur keinen Lehrer oder Rechtsanwalt. Das hält sich hartnäckig. Da hilft es oft auch nicht, wenn der Makler anderer Meinung ist, denn die Entscheidung trifft in den meisten Fällen der Eigentümer.

Aber Sie versuchen zu vermitteln?

Klar, das versuche ich immer. Wenn ich überzeugt bin, dass ein Lehrer oder ein Rechtsanwalt schlicht und ergreifend der ideale Bewerber ist, versuche ich mein Bestes. Ich bin ja diejenige,

HELGA FÜSCHEL

die den Interessenten als Erste kennenlernt. Und mein Bauch-
gefühl hat mir bisher immer das Richtige gesagt.

**Mal abgesehen von Lehrern und Rechtsanwälten: Über-
nehmen die Vermieter Ihre Entscheidung für einen Kandidaten, oder gibt es da lange Diskussionen?**
Das kommt immer darauf an, wie lange ich mit dem Kunden
zusammenarbeite. Wenn ich ihm in der Vergangenheit schon
viele gute Interessenten empfohlen habe, verlässt er sich zu
100 Prozent auf mein Votum.

**Vor 20 Jahren konnte man eine Wohnung mieten, ohne
einen Berg von Bescheinigungen, Nachweisen und Konto-
auszügen anschleppen zu müssen, die möglicherweise
drei Tage nach dem Einzug nicht mehr aktuell sind. Was
bringt dem Vermieter der ganze Papierkram?**
Das ist eine reine Gefühlssache. Sie haben natürlich recht: Eine Schufa-Auskunft von heute kann schon morgen nicht mehr
das Papier wert sein, auf dem sie gedruckt wurde. Aber darum
geht es auch nicht. Es geht um eine Momentaufnahme, während der der Vermieter das beruhigende Gefühl hat, sich für
den richtigen Kandidaten entschieden zu haben. Dasselbe gilt
für Gehaltsabrechnungen, aus denen beispielsweise ein Einkommen von 3.000 Euro netto hervorgeht. Ob das in einem
halben Jahr auch noch so sein wird, weiß natürlich kein
Mensch. Aber für den Moment vermittelt es das gute Gefühl,
sich abgesichert zu haben. Nur darum geht es.

**Vor allem bei Sammelbesichtigungen hat man oft den Ein-
druck, dass der erstbeste Bewerber genommen wird, ohne
sich die Unterlagen weiterer Interessenten genauer anzusehen. Geht es allein um die schnelle Vermittlung – und
nicht um den besten Kandidaten?**
In der Regel mache ich keine Sammelbesichtigungen, kann

Ihnen aber versichern, dass das so nicht läuft. Wenn es zu einer vermeintlich vorschnellen Vergabe kommt, ist in den meisten Fällen ein Bewerber mit von der Partie, der alles daransetzt, diese Wohnung zu bekommen, der also zu 150 Prozent vorbereitet ist und sofort alle aktuellen Papiere präsentieren kann. Wenn dann noch die ersten Sekunden Sympathie signalisieren, kann es in der Tat vorkommen, dass er zehn Minuten nach Beginn der Besichtigung die Zusage erhält. Wie gesagt, das ist wie beim Verlieben.

Wie sieht das Profil des idealen Immobilienmaklers aus?
Die Antwort ist ganz einfach: Schauen Sie auf meine Website! Nein, ganz im Ernst: Der ideale Immobilienmakler sollte zumindest eine entsprechende Ausbildung haben, zum Beispiel als Immobilienkaufmann oder Kaufmann in der Grundstücks- und Wohnungswirtschaft. Da draußen laufen sehr viele Makler rum, die Quereinsteiger sind, eine Eigentumswohnung verkaufen wollen und letztlich noch nicht einmal genau wissen, was unter den Begriff Wohnungseigentum fällt und was nicht. Also, man sollte den Job von der Pike auf gelernt haben, gerne mit Menschen umgehen und die Fähigkeit besitzen, gleichermaßen auf die Bedürfnisse von Mietern und Vermietern einzugehen. Und nicht zuletzt sollte man über ein hohes Maß an ethischen und moralischen Werten und Grundsätzen verfügen.

Helga Püschel ist seit 18 Jahren als Immobilienmaklerin sowie als Haus- und Gewerbeverwalterin im Raum Köln/Bonn tätig und regelmäßig in der Doku-Soap »mieten, kaufen, wohnen« zu sehen.

HELGA PÜSCHEL

133

Authentische Architektur
Innen wie außen vornehme Heiterkeit

Kein Zweifel: Außergewöhnliche Architektur muss außergewöhnlich kommuniziert werden. Hier die passenden Worte zu finden, ist eine Herausforderung – der unsere Immobilienanbieter selbstverständlich gewachsen sind.

Ein Haus tritt als Individuum hervor, kann seine Verwandtschaft zu anderen Häusern aber nicht leugnen. Eine klassisch schöne Villa sucht den Dialog mit der umgebenden Parklandschaft. Wohnungen inszenieren Freiraum. Und es wird gespielt und gesprungen! Offene und geschlossene Fassadenteile spielen horizontal zusammen, das Obergeschoss springt zurück, die Außenfassade spielt mit der Vorliebe für Dramatik, der Klinker springt leicht vor die beiden unteren Etagen. Hausfassaden werden gestaltet, indem die Historie und Werke aus zeitgenössischer Belletristik aufgegriffen und kombiniert werden. So erklärt sich wohl die visuelle Anziehungskraft einer Adresse.

Manchmal geht es aber auch etwas weniger blumig zu: Das rote Ziegeldach, die lustigen Gauben, große Fensterflächen und mächtige Balkone geben dem Wohnhaus Gesicht.

Entdecken Sie ganz neue Seiten von Häusern und Wohnungen!

Die Außenfassade von y. spielt mit der Vorliebe der Berliner für Dramatik. Innen hingegen setzt y. inspired by Starck modern neben klassisch, Satire neben Leidenschaft und Gestalt neben Form, um außergewöhnliche Wohnerlebnisse zu schaffen. y. setzt die Berliner Tradition identitätsstarken Bauens fort, die so sehr zu der Rolle der Stadt als Weltbühne und Schnittstelle deutscher Politik, von Kultur und Vielfalt gehört. y. ist ein weiterer stolzer Beitrag zu den bedeutenden architektonischen Errungenschaften der Stadt.

Um einen zweigeschossigen Gebäudesockel ablesbar zu machen, springt der Klinker ab dem 2. OG leicht vor die beiden unteren Etagen.

Eine klare Gliederung der weißen Putzfassade, sparsam akzentuiert durch lichtgraue Holzschalung an den Giebelseiten, erzeugt ästhetische Leichtigkeit. Einen Kontrapunkt setzt das Blau des Dachs mit weitem Überstand von fast einem Meter. Das kommunikative Zentrum der Bewohner liegt im Scheitel des Winkels.

AUTHENTISCHE ARCHITEKTUR

Die Architektur der Stadtvilla verrät Diszi-
plin, Dauerhaftigkeit und subtile Einfachheit.
Schnörkellosigkeit ist das Schönheitsideal
des Hauses, Reduktion das Stilmittel. Alles
ist vermieden, das die Sinne überflutet.
Eine offene Bühne für ästhetisches Wohnen.

Die Villa knüpft an die preußische Architektur des
19. Jahrhunderts an, ist klassisch schön, aber nicht
unbescheiden, sucht den Dialog mit der umgebenden Parklandschaft und ist dabei doch urban.
Losgelöst von kurzlebigen Trends vermittelt sie mit
einer klaren Geometrie, stimmigen Proportionen,
hochwertigen Materialien und hellen Farben innen
wie außen vornehme Heiterkeit. Loggien und
Terrassen ermöglichen den Aufenthalt im Freien,
Haus und Park durchdringen einander – und bieten
so unvergleichliche Wohnqualität wie vor über
hundert Jahren, mit sicherem Stilempfinden
ergänzt um die Annehmlichkeiten unserer Zeit.

Die Architektur spielt meisterhaft mit subtilen
Gliederungen: dem leichten Rücksprung des
Obergeschosses, der durch das flach geneigte
Dach mit dem weiten Überstand ein span-
nungsvolles Gegengewicht erhält.

Die Objekte fügen sich sensibel in die unmittelbare Nachbarschaft ein und bieten eine Vielzahl unterschiedlicher Wohnungsformen.

So haben wir auf der einen Seite eine Architektur, wo das einzelne Haus in seiner Dimension als Baukörper und durch die von Haus zu Haus leicht differenzierte Farbigkeit als Individuum hervortritt. Auf der anderen Seite gibt es eine starke Verwandtschaft zwischen den einzelnen Häusern, die an den Straßen aufgereiht zusammen ein Quartier mit einem unverwechselbaren Charakter und einem verbindenden, großzügigen Garten im Inneren bilden.

Das luxuriös angelegte Haus verfügt über eine moderne Architektur mit sinnvollen Extras.

Genießen Sie die harmonische Architektur, die modern und dennoch mit Charme und Liebe zum Detail überzeugt. Es geht nicht um reines Repräsentieren, sondern um ein funktionales, individuelles Wohnambiente, das heutigen Anforderungen entspricht und jedem Bewohner die größtmöglichen Freiheiten lässt.

AUTHENTISCHE ARCHITEKTUR

137

Die Villa ist mehr als nur ein Gebäude: Sie definiert räumliches Erleben vollkommen neu – mit der großen Gelassenheit ihrer Innenräume, die sich bis in den ruhigen Garten ausbreitet und Charakter und Flair der Straße zeichenhaft mitbestimmt. Hier spiegelt sich das Grundkonzept des gesamten Diplomatenparks: Denn die große Wirkung und beeindruckende visuelle Anziehungskraft Ihrer neuen Adresse speist sich nicht aus einzelnen Details, sondern aus der baulichen Resonanz des Ganzen.

Der Architekt erzeugt mit dem horizontalen Zusammenspiel offener und geschlossener Fassadenteile die räumliche Tiefe, die die Gestalt des Hauses ausmacht. Dabei bleibt sich die Architektur in ihrer Besinnung auf die Grundbauweise Wand, Öffnung, Pfeiler, Decke, Dach und Terrasse unverspielt treu. Auf diese Weise zitiert er in der Tradition von Schinkel, Behrens und Van der Rohe die große Berliner Baukultur, schreibt sie aber gleichzeitig selbstbewusst zeitgenössisch weiter.

Die kubische Bauweise schafft einen plastischen Gebäudekörper, in den Eingänge, Balkone und Erker eingearbeitet sind.

Das Dach ist das optische Highlight des Gebäudes. Es setzt sich wie ein skulptural gestalteter, mit hellem Blech verkleideter »Hut« über die Traufe des darunterliegenden Gebäudes.

Gefühlvoll fügt sich der schicke Neubau in die historische Idsteiner Altstadt ein.

Erleben Sie, wie entspannt man heute wohnen kann: Die Wohnungen der Villa inszenieren Freiraum auf bewährte und doch besondere Art – dezent mit einem vorsichtigen Hauch von Luxus, elegant mit diesem gewissen Ideenreichtum, stilsicher, ohne überzogen zu wirken. Treten Sie ein in die Villa: in eine Welt, in der Ambiente keine Frage des Geschmacks, sondern ganz selbstverständlich ist. In der weitläufige Terrassen und einladende Loggien die ohnehin schon raffinierten Grundrisse noch bereichern. Und in der eine Ausstattung auf Sie wartet, die moderne Ansprüche bedient und hier und da auch übertrifft. Eine Welt voller Komfort und mit aller Sicherheit.

AUTHENTISCHE ARCHITEKTUR

Die Architektur spiegelt die beneidenswerte Lage in jeder Hinsicht: abwechslungsreich und stilsicher, offen, einladend, angenehm ruhig durch klare, geradlinige Strukturen – und dabei mit viel Raum für individuellen Rückzug. So einfach wird Ihre neue Umgebung zum perfekten Wohlfühlfaktor für Sie!

Die Kastanienallee 63 platziert sich selbstbewusst unter Bezugnahme auf klassische Proportionen in die unmittelbare Nachbarschaft.

Unsere Eigentumswohnungen und Häuser verkörpern eine Melange aus Tradition und Moderne an Plätzen, denen in Berlin schon immer eine besondere Bedeutung zukam. Wir wollen die Geschichte dieser Orte fortführen. Gemeinsam mit Menschen, für die Werte und Tugenden nie ein Comeback feiern müssen – weil sie immer präsent waren. Wir wissen: Sie wissen, was Sie wollen. Wer täglich wichtige Entscheidungen trifft, möchte die freien Stunden des Tages umso mehr genießen und legt Wert auf höchsten Standard. Diesem Credo werden die Wohnarrangements auf ganzer Linie gerecht.

Schon im 19. Jahrhundert war das Areal des Diplomatenparks eines der feinsten Wohnquartiere Deutschlands, dessen Vorzüge wie die Nähe zum Regierungssitz und das angenehme Grün des Tiergartens, das die Vielmillionenstadt ringsum nur in ihren angenehmsten Facetten spüren lässt, bis heute nichts an Kraft eingebüßt haben. Mit der Villa knüpft der Architekt an diese reiche Historie an – und schafft eine gebaute Hommage an den großen Wiener Philosophen und Architekten Ludwig Wittgenstein. Auch die Villa wirkt ebenso aus ihren Proportionen heraus und zeigt sich dabei durch das repräsentative zweigeschossige Entree, den großen Maßstab der Fenster und die Vielzahl der Loggien, Balkone und Terrassen der Typologie des gehobenen Wohnhauses zugehörig. So entsteht ein Gebäude, das ganz dem Credo des Architekten entspricht: Es geht nicht darum, Formen neu zu erfinden, sondern darum, Vorhandenes und Bewährtes aufzugreifen und zu verfeinern.

Das von den Architekten geplante Wohnhaus bezieht im Hofensemble mit seinem skulpturalen Eingangsportal als Solitär eine souveräne Position.

Eine konsequente Südausrichtung sorgt für traumhafte Belichtungswerte, die den fließend ineinander übergehenden Räumen in Kombination mit teilweise bodentiefen Fensterflächen die lofttypische beeindruckende Helligkeit, Leichtigkeit und Transparenz verleihen.

Auch Architektur ist ein bedeutendes Kulturgut. Sie spiegelt den Zeitgeist von Epochen. Warum nicht Teil dieser Entwicklung sein und spannende Aspekte moderner Architektur aus nächster Nähe erleben?

Der Architekt hat an alles gedacht.

Die Villa gibt diesen hohen Ansprüchen bauliche Gestalt: repräsentativ, ohne überladen zu sein, vertraut, ohne anachronistisch zu wirken, gediegen, ohne an Leichtigkeit einzubüßen – eine Stadtvilla, die mit ihren klassizisierenden Formen Schinkel huldigt. Die mit ihren großen Fenstern, Balkonen und Terrassen Altbauattribute pflegt. Und die mit ihrem repräsentativen Entree mehr Residieren denn Wohnen verspricht.

Mitten im Regierungsviertel eingebettet in ein durch Politik, Kultur und durch die Wirtschaft geprägtes Umfeld wurde ein ansprechender Neubau erstellt. Die Architektur nimmt das Umfeld durch eine zurückhaltende und gleichzeitig sehr ansprechende und spannende äußere Gestaltung auf.

Die Architektur wird aus der extremen Hanglage geboren.

Ein Bravourstück innen und außen mit Lust auf Licht und Kontraste. Die klare Architektur der filigranen, luftigen Stadtvilla bildet einen spannenden Kontrast zu den rustikalen Natursteinmauern am Hang.

Die künstlerisch-skulpturale und grüne Gestaltung der zwei Innenhöfe verleiht dem Anwesen eine besondere Gesamtarchitektur.

Der minimalistische Baukörper wird durch asymmetrisch angeordnete Loggien auf überraschende Weise gegliedert.

Die Berliner Künstlerin gestaltet derzeit im Innenhof die Hausfassade, indem sie die Thematik der Historie des Hauses ebenso wie Werke aus zeitgenössischer Belletristik aufgreift und kombiniert.

Das rote Ziegeldach, die lustigen Gauben, große Fensterflächen und mächtige Balkone geben dem Wohnhaus Gesicht.

Erleben Sie, was wahrer Luxus bedeutet: Die Wohnungen der Villa inszenieren Freiraum auf außergewöhnliche Art – so aussichtsreich wie dezent, so elegant wie entspannt, so ideenreich wie stilsicher. Hier wird jeder Besuch zum Empfang, jede Begrüßung zum Defilee, jeder Raum zum Salon. Treten Sie ein in diese Welt des Geschmacks, der Noblesse, der Weltoffenheit: Entdecken Sie die eleganten Grundrisse mit ihren offenen Fluchten und privaten Refugien, ihren weitläufigen Terrassen und repräsentativen Loggien. Und lassen Sie eine Ausstattung auf sich wirken, die das Prädikat exzellent ganz selbstverständlich verdient: geschmackvoll und hochwertig, voller Komfort und mit aller Sicherheit.

So verbringen Sie Ihre Freizeit

Tanzend im Wohnzimmer
und grillend on Top

Maklern liegt offenbar das private Glück ihrer Kunden sehr
am Herzen. Nicht anders ist zu erklären, dass sie die Interessenten mit Tipps für die Freizeitgestaltung regelrecht über-
schütten – wobei die Palette von tanzen über sich betrinken
bis grillen reicht.

Nehmen Sie auf einem Deckchair Platz, stoßen Sie mit einem entspannten Cocktail an und bräunen Sie sich oder die
Grillwürstchen. Wer sich lieber im Grünen vergnügt, kann sich
an bunten Blumen und frischen Kräutern erfreuen, Seen umrunden und Eichhörnchen beobachten. Auch die Küche, Dreh-
und Angelpunkt in Ihrem Zuhause, bietet vielfältige Entfal-
tungsmöglichkeiten. Hier können Sie in kulinarische Fernen
reisen, Rezepte für gesellige Runden kreieren oder notfalls
eine Pizza auftauen.

Wenn Sie auf der Suche nach einem neuen Hobby sind, finden Sie hier wahrhaft inspirierende Anregungen.

Hier befinden sich Reitställe, der
Münchener Golfclub mit 27 Loch
sowie der idyllische Deininger Weiher.

Unter 27 Loch machen wir es auch nicht.

Auf dem Fernsehturm am Alex?

Auf dem nahe liegenden Spielplatz können Ihre Kinder zusätzlich die freie Zeit verbringen.

Die Wohnung verfügt über eine große
Wohnküche, die zum Kochen, Trinken
und Verweilen einlädt.

**Ach wirklich, so etwas
macht man in der Küche?**

Der Südbalkon ist ein
Traum, hier kann man
sich im Sommer gut
bräunen.

FREIZEIT

146

Somit hat man See, Grün und diverse kulturelle Einrichtungen unmittelbar vor der Tür. Demnach ist ein Spaziergang unumgänglich.

Wir ziehen unsere Schuhe schon an!

Wer sich auf der Schlossterrasse ein wenig ausgeruht hat, kann seiner Lust nach einem Spaziergang ausgiebig nachkommen. Wenige Treppenstufen nur, und man beschreitet die Wege des Schlossparks – wie einst die adeligen Schlossherren. Der vordere Teil ist der Gartenarchitektur königlicher Zeiten nachempfunden. Symmetrisch angelegte Beete und präzise geschnittene Hecken begleiten das Auge auf dem Weg zu der Weitläufigkeit des hinteren Parkteils. Hier laden drei kleine Seen zum Umrunden ein, und der märchenhafte Baumbestand bietet im Sommer angenehmen Schatten. Auch wenn man doch lieber auf dem Deckchair der Schlossterrasse verweilen möchte, es ist ein schönes Gefühl zu wissen, dass man diese Möglichkeiten zum Spazierengehen hat.

Und mit etwas Glück schaut dann auch noch der Prinz auf seinem weißen Pferd vorbei.

Von der Küche aus haben Sie Zugang zu Ihrer Terrasse. Relaxen Sie auf der Sonnenliege und lassen Sie sich mit einem Campari Orange verwöhnen. Natürlich ist genügend Platz, um mit netten Freunden Ihre Freizeit zu genießen bei einem entspannten Cocktail oder/und dem Grillwürstchen.

Wir hätten dann gerne zweimal das entspannte Grillwürstchen mit Senf.

Die Dachterrasse bietet locker vier Leuten (+ Grill) Platz.

Schön, dass wir den Grill nicht auf den Schoß nehmen müssen!

Das gesamte Erdgeschoss mit Wintergarten und Gartenanlage bietet Ihnen einen stilvollen Rahmen für repräsentative, festliche Veranstaltungen im privaten und im kleinen öffentlichen Kreis.

Kultur bestimmt unser Leben. Heute erfreuen wir uns an »kulturellen Events«, wir suchen das Gespräch mit anderen kulturinteressierten Menschen und befassen uns regelmäßig mit Themen aus »Kunst und Kultur«. Warum nicht ein wenig mehr Aufwand betreiben, wenn es guttut?

In der großzügigen Küche im amerikanischen Stil, mit Einbaumöbeln in hellem Holzdekor, können Sie Ihre Familie verwöhnen oder notfalls eine Pizza auftauen.

Eine Pizza, die in einem solchen amerikanisch-hellen Holzdekorambiente aufgetaut wurde, schmeckt sicherlich umwerfend.

Hier können Sie an schönen Tagen, bei offenem Fenster und frischer Luft, die Sonneneinstrahlung genießen und Ihren Kochkünsten freien Lauf lassen.

Manche Küchen sind einfach sensationell anders!

Zur Verpflegung der ganzen Rassel-
bande steht Ihnen eine Küche im
amerikanischen Stil inklusive Einbauküche zur Verfügung. Hier können
Sie Ihre Liebsten verwöhnen und in
kulinarische Fernen reisen.

**Hoffentlich nicht
in amerikanische!**

Hier verbringt man gemeinsame Stunden unter
einem der Pavillons oder schaut einfach nur relaxt
dem Wasserspiel zu. Und war da nicht gerade ein
Eichhörnchen?

**Doch, da war ein Eichhörnchen!
Und im Wasserspiel kann man
das muntere Treiben der Fisch-
lein beobachten.**

Die Küche ist der Dreh- und Angelpunkt in
Ihrem Zuhause – hier darf jeder machen, was
er mag: Einer brutzelt und einer serviert die
neuesten Nachrichten. Kreieren Sie Rezepte
für gesellige Runden.

**Um es ganz klar zu sagen:
In unserer Küche darf nicht
jeder machen, was er mag!**

Das sonnendurchflutete Wohnzimmer verfügt über großzügige Stellflächen für Ihre Möblierung. Weiterhin bietet Ihnen das Wohnzimmer zusätzlichen Platz für eine Lese- oder Spielecke. Vergessen Sie bei einem guten Buch und einem Glas Wein oder bei Gesellschaftsspielen mit Ihren Kindern den anstrengenden Tag und lassen die Entspannung gewähren.

Offenbar noch nie mit Kindern »Mensch ärgere dich nicht« gespielt: Da geht es zur Sache!

Die Küche inspiriert Sie zu ungeahnten Kochkünsten.

Spannende Rezepte finden wir noch inspirierender.

Die Terrasse in Süd-West-Ausrichtung und der mit Klasse angelegte Garten lassen Sie Ihre Freizeit in Ruhe genießen.

Der mit Klasse angelegte Garten lässt Sie nicht Ihre Freizeit in Ruhe genießen, sondern fordert seinen Tribut: Rasen mähen, Hecke schneiden, Rosen gießen, Unkraut jäten.

FREIZEIT

Das Grundstück in ruhiger Blicklage wird alle erfreuen, die lieber mehr relaxen und sich sonnen, als im Garten zu schuften. Vor fremden Blicken geschützt, entspannen Sie hier wahlweise auf kleinen Grünflächen oder doch lieber gleich mit der ganzen Familie, Freunden, Bekannten und wen Sie noch so alles auftreiben können auf der zweiten, riesigen Sonnenterrasse. Auf ca. 100 m² mit mehreren Sitz- und Liegeflächen sollten Sie so ziemlich alle Leute unterbringen können, die Ihnen spontan einfallen.

Immer diese Spontis!

Eine Grillecke und Deckchairs runden das Freiluftangebot ab.

Früher hießen die Liegestühle.

Die große Küche bietet dem Hobbykoch Raum für Fantasien.

Gibt es einen Zusammenhang zwischen der Anzahl der Quadratmeter und der Anzahl der kreativen Einfälle?

Auch der Sitzbereich ist genau das, wovon jeder träumt, der Kochen und gemeinsames Beieinandersitzen liebt.

Aber nach dem Blick auf den Computermonitor verwöhnt man seine Augen doch lieber mit dem Kaminfeuer.

Hier spricht Ihr Augenarzt.

Mein Wohnzimmer – mein Tanzsaal!

Die Ufer von Rhein und Neckar und der urwaldartige Waldpark in Nähe des pulsierenden Stadtkerns laden zum Entspannen, Ausruhen und Toben ein.

Tarzan, Jane, seid ihr bereit?

FREIZEIT

Schattenseiten und schlicht Unmögliches

Balkon im Stadtgetümmel und ansprechende Durchgangszimmer

Manche Immobilien haben nicht nur Sonnenseiten: Eine stark befahrene Straße führt direkt am Objekt vorbei. Es ist schon sehr lange nicht mehr renoviert worden. Ein Keller fehlt. Der Grundriss ist vollkommen verunglückt.

Wie gehen Immobilienanbieter damit am besten um?

Kippes (Professionelles Immobilienmarketing, München 2001, Seite 363 f.) nennt zwei Strategien: a) das Manko kaschieren, b) den Nachteil benennen und ihn gleichzeitig durch den Hinweis auf Vorteile aufarbeiten.

Der Autor rät zur zweiten Strategie. Nachteile kontrolliert kommunizieren!

Unsere Makler beherrschen diese Taktik perfekt. Der fehlende Aufzug ist natürlich kein Defizit, sondern ein echter Gewinn – verbessert das regelmäßige Treppensteigen doch die Kondition und sorgt damit für ein längeres Leben. Ein gen Norden ausgerichteter Balkon ist ebenso etwas Erfreuliches. Wer mag sich schon Tag für Tag der prallen Sonne aussetzen? Ein fehlender Keller ist ebenfalls kein Problem. Dafür gibt es schließlich einen sehr geräumigen Flur.

Aber unsere Makler haben noch eine weitere Strategie entwickelt: Die Unzulänglichkeit ganz klar angeben und erst gar nicht den Versuch unternehmen, sie schönzureden. Es gibt eben Häuser, die sie nur als heruntergekommen bezeichnen können.

Manche Makler setzen auch auf eine Vernebelungstaktik und versprechen schlicht Unmögliches: die renovierungsbedürftige und zugleich sehr gepflegte Wohnung, die Innenhöfe mit Spielmöglichkeiten, die gleichzeitig erholsame Ruhepunkte sind. Ebenso im Angebot: schöne Gärten mit Verkehrslärm, ansprechende Durchgangszimmer und eine 50 Jahre alte Einbauküche, die charmant, gepflegt und praktikabel ist.

Lernen Sie die unterschiedlichen Strategien im Folgenden näher kennen!

> Der hochwertig angelegte Garten wird ebenfalls nur sporadisch gepflegt.

Das sollen wir dann übernehmen, oder was?

> Im schönen Garten ist ein leichter Verkehrslärmpegel wahrzunehmen.

Im Klartext: Gleich um die Ecke tost der Verkehr.

> Das Haus entspricht nicht mehr dem heutigen technischen Standard, ist aber dennoch in einem Bestzustand und bietet mit der traumhaften Aussicht in ruhiger, bester Lage ein wunderbares Anwesen.

Was manche unter Bestzustand verstehen!

EINEN AUFZUG GIBT ES NICHT.
MAN(N) ODER FRAU FREUT SICH
ÜBER DIE ERWORBENE FITNESS.

Baujahr 1981: Die Bäder befinden sich im originalen Zustand.

Im Klartext: Hier ist jede Menge zu tun.

In der Küche gibt es einen witzigen PVC in Holz-bohlen-Optik. Im größten der drei Zimmer gibt es als optische Besonderheit Holzbalken, die dem Raum ein schönes Ambiente verleihen. Der Flur ist sehr geräumig, sodass man den leider fehlenden Keller oder eine Abseite wenig vermisst.

Außerdem ist der PVC-Boden so hinreißend komisch, dass man keinen Gedanken an einen Keller verschwendet.

Diese Immobilie bietet viel Potenzial bei der Umgestaltung nach eigenen Wünschen.

Das Dachgeschoss wurde Mitte der Neunzigerjahre ausgebaut. Es be-findet sich im dritten Obergeschoss und ist ohne Fahrstuhl zu erreichen. Einbauküche bitte mitbringen.

Klar, haben wir schon in die Umzugstasche gepackt!

SCHATTENSEITEN

Das klassische Berliner Mehrfamilien-
haus wurde nicht grundlegend neu
saniert; bitte beachten Sie, dass das
Ambiente der Gemeinschaftsflächen
derzeit etwas einfacher ist.

**Im Klartext: Die Gemeinschaftsflächen
sind total verlottert.**

Im kommenden Jahr muss der Mieter
den Dachgeschossausbau ca. drei
Monate ertragen und eventuell
zugänglich für den Vermieter sein.

**Im Klartext: Der Ausbau des Dachgeschosses erfolgt
in Kürze und wird mindestens ein halbes Jahr
dauern. Während dieser Zeit wird der Vermieter
ständig bei Ihnen auf der Matte stehen.**

SCHATTENSEITEN

Schönes Haus, das leider in den letzten
Jahrzehnten etwas heruntergekommen ist.

**Macht nichts, das kommt selbst
in den besten Familien vor.**

Für alle die, die nicht unbedingt die Sonne anbeten, besitzt der Balkon mit seiner Ausrichtung in den Norden einen besonderen Reiz. Entdecken Sie ihn!

Im Klartext: Auf diesem Balkon werden Sie nie auch nur einen Sonnenstrahl erhaschen.

Das Gebäude zeichnet sich durch einen deutlich überdurchschnittlich hohen Sanierungs- und Pflegschaftszustand aus.

Bastleridyll

Im Klartext: Hier müssen Sie erst einmal Handwerkerscharen beschäftigen, bevor Sie überhaupt einziehen können.

Im Souterrain mit Tageslicht herrscht eine mediterrane Atmosphäre.

Wie ist das möglich?!

Nette Hausgemeinschaft sucht fehlendes
Puzzleteil, es muss also passen, also, wenn
Sie eine oder höchstens zwei Personen sind
und eine Dreizimmerwohnung mit Balkon
in einer ruhigen Sackgasse in Zehlendorf
(ohne Einkaufsmöglichkeiten in Fußnähe,
und die Öffentlichen sind auch nicht nah ...)
suchen, dann sind Sie hier richtig.

Und spätestens um 18 Uhr werden die
Bürgersteige hochgeklappt, stimmt's?

Die Immobilie ist im Rahmen des sozialen
Wohnungsbaus 1978 gebaut worden. Das
Haus als solches hat diesen Charme nach
wie vor.

Im Klartext: Hier ist seit den
Siebzigerjahren nichts mehr
investiert worden.

In Berlin-Mitte, im Ortsteil Tiergarten,
steht in der Turmstraße ein unscheinbares Haus. Hier ist im linken Vorder-
haus eine Wohnung frei.

Ein unscheinbares Haus:
Das klingt verlockend.

Daneben liegt ein zweites Zimmer mit dem Zugang zum Balkon, von dem Sie das Stadtgetümmel bestens verfolgen können.

Im Klartext: Hier tost der Verkehr. Auf dem Balkon haben Sie nie auch nur eine ruhige Minute.

Das Untergeschoss des Hauses befindet sich noch im Originalzustand und bietet Ihnen noch zahlreiche Gestaltungsmöglichkeiten.

Hier lässt es sich aushalten.

Das sind ja eher übersichtliche Ansprüche an eine Wohnung.

Eine sonnige Terrasse zur Süd-Westlage mit Traumblick über Stuttgart lädt zum Verweilen ein. Das ist der eindeutige Vorzug dieser Immobilie. Den Rest kann man mit einer Investition je nach Wunsch renovieren.

Im Klartext: Sie haben eine Terrasse mit einem schönen Blick über Stuttgart, ansonsten: Fehlanzeige.

SCHATTENSEITEN

Wichtig ist noch zu erwähnen, dass das Haus trotz der Nähe zum Flughafen und zur Stadtautobahn eine Oase der Ruhe ist.

Wunder gibt es immer wieder!

Hier kann bei offenem Fenster geschlafen werden, da superruhig gelegen, und doch sind Sie richtig drin und nah an allen großen Verkehrsstraßen und Verkehrsmöglichkeiten.

Das ist dann wohl die Quadratur des Kreises.

Die Wohnung liegt im 5.OG (Dachgeschoss) des Vorderhauses, ist sehr schön hell und hat eine Sonnenterrasse. Die gesamte Wohnung ist mit dunklem Laminat ausgelegt.

Sehr schön helle Wohnung mit dunklem Laminat: Das geht definitiv nicht.

Sie legen viel Wert auf eine Top-Verkehrs-
anbindung, und Ihre Wohnung muss nicht
ruhig sein, dann freuen wir uns auf Ihren
Anruf!

Im Klartext: Die Wohnung befindet sich
an einer stark befahrenen Straße und
einer ICE-Bahnstrecke. Ein nächtliches
Flugverbot für den innerstädtischen
Flughafen gibt es nicht.

Das Haus präsentiert sich
in einem gepflegten, aber
ursprünglichen Zustand.

Im Klartext: Stellen Sie sich auf
größere handwerkliche Arbeiten ein.

Ein Aufzug ist nicht vorhanden – das
stärkt Ihr Herz und Ihre Fitness für den
Alltag und ein gesundes, längeres Leben.

Ihr Abo für das Fitnessstudio
können Sie gleich kündigen.

SCHATTENSEITEN

Die Küche bietet eine komplette Einbauküche mit Herd und Spüle, welche aus den Sechzigerjahren schon wieder charmant, gepflegt und praktikabel ist.

Und am Herd steht die propere Hausfrau mit dem Dr.-Oetker-Schulkochbuch in der Hand.

Das Haus eignet sich besonders für Menschen, die individuelles und unkonventionelles Wohnen lieben.

Klingt nach Bruchbude mit Ofenheizung.

Die Wohnung ist geschmackvoll und neutral eingerichtet.

Was will uns der Makler damit sagen?

Die sehr helle Wohnung ist renovierungsbedürftig, aber sehr gepflegt.

Entweder – oder!

Das Wannenbad ist leider ohne Fenster, bietet aber viel Freiraum.

Wir schätzen, dass man sich dort mit etwas Geschick einmal um die eigene Achse drehen kann.

Diese exklusive Wohnung mit ihren insgesamt vier ansprechenden Zimmern, davon zwei Durchgangszimmer, verfügt über eine gefliese Einbauküche.

Stimmt, Durchgangszimmer sind wirklich ungemein reizvoll.

Hier lässt es sich, auch durch die Nähe zum Marktplatz und den Trubel der Großstadt, gediegen wohnen.

Trubel und gediegen wohnen – da stutzt man schon mal.

SCHATTENSEITEN

165

Das geflieste Wannenbad ohne Fenster wird Sie verzücken und träumen lassen.

Ein Bad ohne Fenster lässt einen in der Tat träumen – von einem Bad mit Fenster.

Eine intensive Begrünung und Spielmöglichkeiten für die Kleinen lassen die weitläufigen Innenhöfe zu einem erholsamen Ruhepunkt erwachsen.

Bei Spielgelegenheiten für Kinder denken wir nicht zwingend an Erholung und Ruhe. Stress und ohrenbetäubender Lärm fallen uns da eher ein.

Jetzt über 50 % verkauft ... noch haben Sie die freie Auswahl!

Die Mathestunden immer geschwänzt, was?

Die atemberaubende Aussicht kann Ihnen niemand verbauen. Dazu ist das Grundstück in Bad Soden viel zu steil.

Halten Sie sich immer gut fest!

Durch verschiedene Umbaumaßnahmen befinden sich das Treppenhaus sowie ein Teil des Erdgeschosses noch nicht in einem fertigen Zustand. Wir klären Sie aber gerne über die Ursachen und den Umfang dieser Maßnahmen auf.

**Fragen Sie Ihren Arzt
oder Apotheker!**

Der große Balkon ist ein wenig ins Haus hineingezogen, damit Sie sich geborgen fühlen beim Sonnenbad.

**Im Klartext: Der Balkon ist derart
verwinkelt angebracht, dass Sie
kaum Sonne sehen werden.**

SCHATTENSEITEN

Best of (2)

Unsere Anzeige »Schattenseiten und
schlicht Unmögliches«

OPTIMAL FÜR SPORTLICHE MIETER MIT IDEEN UND HANDWERKLICHEM GESCHICK

Einkaufsmöglichkeiten und eine U- oder S-Bahn-
Station in Fußnähe gibt es nicht. Aber das macht
auch nichts. Wer schon ist heute nicht motorisiert?
Das Haus versprüht den Charme des sozialen
Wohnungsbaus und ist in den letzten Jahrzehnten
etwas heruntergekommen. Einen Aufzug, der Sie
direkt bis zur Wohnungstür im vierten Stock bringt,
gibt es nicht. Endlich haben Sie Gelegenheit, den
Ratschlag Ihres Arztes zu befolgen und mehr Sport
zu treiben! Die helle Wohnung ist renovierungsbedürftig, aber sehr gepflegt. Also ein Idyll für Bastler
und Tüftler! Selbstverständlich hat die Wohnung
einen Balkon. Er ist nach Norden ausgerichtet und
damit ideal für alle, die keine Sonnenanbeter sind.

Das Stadtgetümmel können Sie von hier aus jederzeit bestens beobachten. An den Verkehrslärmpegel gewöhnen Sie sich schnell. Dank des Grundrisses mit seinen Durchgangszimmern können Sie bei der Einrichtung der Wohnung Ihr kreatives Potenzial voll ausleben! Das gefliese Wannenbad ohne Fenster bietet viel Freiraum. Es wird Sie verzücken und träumen lassen. Ihre Einbauküche bringen Sie bitte mit.

Sind Sie bereit, diese Herausforderung anzunehmen? Dann setzen Sie sich mit uns in Verbindung. Wir freuen uns auf Ihren Anruf.

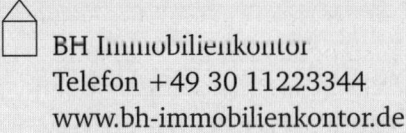 BH Immobilienkontor
Telefon +49 30 11223344
www.bh-immobilienkontor.de

Das hat Ihnen noch gefehlt

Praktische Details und pfiffige Lösungen
für einen reibungslosen Tagesablauf

In vielen Anzeigen finden sich Angaben, die nicht recht zu einer Rubrik wie »Lage« oder »Grundriss/Schnitt« passen wollen. Allerdings sind sie so schön, dass wir sie nicht einfach
unter den Tisch fallen lassen mochten. Daher haben wir diese
Rubrik aufgelegt, die zum Schmunzeln einlädt.

Schöne Wohnungen gibt es nicht nur im Fernsehen. Finden
auch Sie eine Wohnung, die genügend Platz zum Wohnen und
Leben bietet, und strahlen Sie auf dem Balkon mit der Sonne
um die Wette. So wohnen Sie sich glücklich.

Gute Unterhaltung!

Die Wohnung bietet genügend
Platz zum Wohnen und Leben.

Unfassbar, dass gleich beides möglich ist!

Neubau, sehr gepflegtes
Objekt, trotzdem ruhig.

Über das Entree und die angrenzende Diele betritt man den Essbereich. Die Böden sind mit handgeschöpften Terrakotta-Fliesen versehen. Hier befindet sich das Herz des Hauses – ein Raum der Kommunikation mit Blick auf das Atrium und den Garten.

Das Grundstück wurde im Jahre 2006 erbaut.

Wie das?!

Frühling da, wo früher eine Mauer stand.

Sehr gern informieren wir Sie weiterführend oder vereinbaren auch lohnenswerte Besichtigungstermine. Wir garantieren selbstverständlich auch eine diskrete Bearbeitung Ihres Anmietungsbegehrens.

... und auch all unserer weiteren Begehrlichkeiten, versprochen?

DAS HAT IHNEN NOCH GEFEHLT

171

Lassen Sie sich die Wohnung nicht entgehen! So etwas gibt es selten zur Möglichkeit der Miete.

Die Wohnung stellt ein vorzügliches Domizil für ein älteres Ehepaar dar, aber auch eine alleinstehende Person oder Paar mit Kind sind herzlich im Haus willkommen.

Eine für alle!

Hereinspaziert und losgewohnt!

Einzug mit Narrhallamarsch!

Der Sommerschlussverkauf ruft, und wir bieten Ihnen den ersten Monat eine Mietbefreiung in Höhe von 495,00 €.

Wir rufen gleich zurück!

Schon beim Anblick des im Bauhausstil errichteten Hauses wird deutlich, dass es sich hierbei um eine sehr gepflegte Immobilie handelt.

Wann sonst?!

Platz für Leidenschaften!

Im Sommer kann man gemütlich mit offenen Fenstern wohnen.

Und im Winter ungemütlich mit geschlossenen Fenstern, oder was?

Großzügige, frisch renovierte Wohnung sucht Familie zum Beschützen!

Wie putzig!

Wohn dich glücklich!

Wird erledigt!

Wir empfehlen eine persönliche Innenbesichtigung!

Wäre eine unpersönliche Außenbesichtigung auch okay?

Und nun erhält auch die Fassade ein farbenfrohes neues Kleid.

Investment vom Feinsten – hier arbeitet Ihr Kapital gerne!

Man sieht den Scheinen und Münzen regelrecht an, wie glücklich sie sind.

Wir wissen was, was Sie nicht
wissen: Ihre neue Adresse!

Wie kann das sein?

Eleganter Single frisch
auf dem Markt!

**Super, der wird
gleich vernascht!**

Sie werden bei einer Besichtigung
erleben, dass Ihnen Dinge auffallen,
über die Ihnen ein Exposé nie hätte
Aufschluss geben können. Grund-
sätzlich ermutigen wir Sie, Objekte
zu besichtigen.

**Wenn man schon zur
Besichtigung ermutigt
werden muss ...**

Highend-Wohnung auf zwei
Etagen im Gartenhaus.

**Highend-Quatsch
in zwei Zeilen.**

Auf Ihrem Balkon können Sie mit der Sonne um die Wette strahlen.

Wette gewonnen!

Schöne Wohnungen gibt
es nicht nur im Fernsehen!

Ganz ehrlich, darauf wären wir nie gekommen!

Der neue Laminatboden
ist schon unterwegs! Gute Reise!

Beide Wohnungen genießen einen wunderschönen Ausblick auf die Landschaft.

Dass nun auch schon Wohnungen
Ausblicke genießen!

Die Terrassen/Balkone sind insgesamt
von allen Himmelsrichtungen belichtet.

Wie ist das möglich?

Das Schlafzimmer bietet Ihnen
Platz für Ihre Möblierung. Ein echter Pluspunkt!

DAS HAT IHNEN NOCH GEFEHLT

Hier erwartet Sie so einiges ...

Das klingt nicht gut.

Diese Wohnung kann nur mit einem gültigen WBS 23 (Rollstuhlfahrer) vermietet werden. S-Bahn und Busverbindungen sind fußläufig gut zu erreichen.

Gepflegte Dreizimmerwohnung mit wunderschöner Terrasse zur Südseite sucht dringend eine Familie.

Die fühlt sich nämlich einsam, die gepflegte Dreizimmerwohnung!

Auf den Fotos lässt sich nur ein Teil
der Schönheit dieser wunderbaren
Wohnung erahnen.

**Hier ist allergrößtes
Misstrauen angebracht.**

Viele sagen: »Cottbuser Süden, nein danke!«
Vorsicht! Kommen Sie und staunen Sie.

Der große Eckbalkon verlangt
nach einem Sonnenschirm.

Balkone werden auch immer anspruchsvoller.

Leben wie Gott in Frankfurt.

Bitte beachten Sie jedoch, dass die Sanierung der Wohnung derzeit noch läuft – ein wenig Vorstellungskraft wird bei der Besichtigung sicher noch erforderlich sein.

Sie besichtigen eine Baustelle. Tragen Sie also festes Schuhwerk.

Schon in wenigen Wochen können Sie Ihren Wein am offenen Kaminfeuer schlürfen.

Welch ein Stilbruch: Am knisternden Kaminfeuer sitzen und schlürfen!

Rufen Sie an, bevor es Ihr Nachbar tut.

Große Gärten im Erdgeschoss und sonnige Balkone in den oberen Etagen laden zum Wohlfühlen ein.

Wie gut, dass es nicht umgekehrt ist!

Der Kaufpreis ist für diese leckere Kaminwohnung gut zu finanzieren.

Klingt köstlich.

Sie wünschen sich Platz für Ihren Flügel, für Ihre Traumküche, Platz für Freunde, für die Schuhsammlung oder noch mehr?

Wenn Sie davon genug haben, setzen Sie sich auf die sonnige Loggia des Zweizimmerstudios und genießen den Blick in Nachbars Gärten.

Gibt es Schöneres, als dem Nachbarn beim Kaffeetrinken oder gar bei der Gartenarbeit zuzusehen?

Wohnung eignet sich sowohl für Familien als auch für Profiwohngemeinschaft.

Eine Innenbesichtigung ist dringend zu empfehlen.

Das klingt nicht gut.

Der sonnige Balkon ist Pflicht.

Steht das im Mietvertrag?

Besichtigungstermin für alle Interessierten: 29. und 30. August jeweils 18:30–20:00 Uhr vor Ort!!!

Darauf wären wir jetzt aber echt nicht gekommen.

Durch sorgsames Umgehen wurde der Neuzustand erhalten.

AUCH FÜR DIE BILDUNG IHRER KINDER
KANN GESORGT WERDEN.

Der wunderschön angelegte Garten lädt zum Verweilen ein und ist auch in den Randzeiten Herbst und Vorfrühling herrlich zu genießen.

Bei aller Fantasie kann man die Wohnung nicht beschreiben, die muss man ansehen.

Das klingt nach einer Falle.

Für Ihre Fragen stehen wir jederzeit, wirklich jederzeit zur Verfügung.

Bitte lesen Sie unseren Text sorgfältig, nicht nur wegen der Tippf(ä)ehler, er enthält auch wichtige Informationen für Sie.

Einen Clown gefrühstückt?

> Es wird ein solventer Mieter gesucht, der das gepflegte Umfeld zu schätzen weiß und sich gerne der soliden Mieterstruktur anpasst.

Das klingt beängstigend.

Aus einem Formular »Vorvermieterbescheinigung«:

Das Mietverhältnis verlief
O störungsfrei
O mit häufigen Differenzen

Die hier hinterlegte Kaution wird
O ausbezahlt
O nicht ausbezahlt wegen …

Wer immer Variante 2 ankreuzt, bekommt die Wohnung. Versprochen!

> Ihre Nachbarn haben uns gebeten, nur netten Leuten von diesem schönen Haus in Hattersheim zu erzählen. Dabei haben wir an Sie gedacht.

Hier tropft der Honig ganz gewaltig.

Energiesparen kann so einfach sein, der kompakte Gas-Brennwertkessel sorgt für Ihren verdienten Wohnkomfort.

Bei einem Kaufpreis von nur 304.300 Euro können Sie zum Einzug auch mit Champagner anstoßen.

Bei einem Kaufpreis von 204.300 Euro könnte man sogar mit einer ganzen Kiste Schampus anstoßen.

Die großzügigen Wohnräume, Erker und Balkone wenden sich ganz nach Süden, der Sonne zu.

Folgen sie auch dem Lauf der Sonne?!

Es wird ein geringfügiger Staffelmietvertrag vereinbart.

In Schloss Wiesenburg lassen sich Leben, Arbeiten und Entspannen auf individuelle Weise verbinden. Wer hier lebt, wird dies mit einem Lächeln bestätigen.

Zuletzt wurde eine komplette Fassadenisolierung vorbildlich ausgeführt, die dem Haus ein modernes Gesicht gibt.

Dreimühlenviertel. Von Viertel kann eigentlich keine Rede sein. Die paar Häuser sind höchstens ein Achtel. Aber ein sehr, sehr nettes ...

Wenn das die Dreimühlenachtler lesen!

Eine Zufahrt direkt bis zur Haustür ist allerdings nicht möglich, die Zuwegung aber unter allen Umständen fußläufig (ca. 50 m) gegeben.

Wahnsinn: Man kann das Haus erreichen!

Wer woanders wohnt, ist selbst schuld …

Vielleicht hat er aber auch einfach nur Glück.

Stilecht und echt still.

Da hat doch mal jemand Sinn für Sprache.

Besichtigungen der Wohnungen können erst nach Rücksprache vorgenommen werden.

Ach!

Das Obergeschoss ist dem
Privatbereich vorbehalten.

Und unten laufen ständig
irgendwelche Menschen durch?

Das kann nur ein guter Stern gewesen sein,
der Sie nach Niedernhausen geführt hat.

Irrtum, wir sind über die A 5 gekommen!

Der richtige Grundriss, praktische
Details und pfiffige Lösungen sorgen
für einen reibungslosen Tagesablauf.

Wenn das so einfach wäre!

Foto ist noch mit ohne eingebauter Wand.

Der Puls der Zeit scheint hier zu rasen.

Vorsicht: Das ist nichts für herzschwache Kandidaten!

Über vier offene Etagen erstreckt sich lichtdurchflutete Wohnkultur mit aufregendem Charakter.

Hilden sucht netten Nachmieter mit Garten.

Die Anforderungen an die Mieterschaft steigen offenbar stetig. Jetzt muss man sogar einen Garten mitbringen.

Das Wohnkonzept ist zugeschnitten auf zeitgemäße Lebensästhetik.

Das Schnittmuster hätten wir gern.

Richtungsweisende Architektur, klare Formen, visionäres Servicewohnen (Concierge) bestimmen hier den Alltag.

Das Objekt verfügt nicht nur über Fußbodenheizung, sondern auch über die Möglichkeit, endlich einmal vom Alltag auszuspannen.

Alltag bleibt Alltag.

Das Kinder-/Jugendzimmer nimmt problemlos Bett, Schrank und Schreibtisch auf und bietet einen entspannten Hintergrund für Spielen, Musikhören oder Hausaufgaben erledigen.

Wir haben ja viel Fantasie, aber das mit dem entspannten Hintergrund kriegen wir einfach nicht hin.

Die wahren Poeten

Signale für eine gediegene, distinguierte Grundstimmung

Keine Frage: Makler und andere Inserenten verstehen es, die Vorzüge einer Immobilie geschickt zu betonen. Wenn sie dabei auf ihre poetische Ader setzen, laufen sie zu wahrer Höchstform auf:

- Transparenzen, Durchblicke und beeindruckende Perspektiven schaffen ein intensives Erlebnis der Einheit von Licht und Raum.
- Hier entstehen Eigentumswohnungen, jede davon Ausdruck eines starken Gestaltungswillens und vollkommener Individualität.
- Ein Garten mit historischem Backsteingebäude bildet den beruhigten Mittelpunkt der Häuser.
- Annehmlichkeiten, Behaglichkeit und individuelle Lebensqualität gaben den Ausschlag für die Entscheidung, einen Bungalow zu bauen.
- Wohnen und Leben im gehobenen Segment ist hier gelebte Selbstverständlichkeit.
- Die Vision vom idealen Haus der Zukunft verändert das Wohnen.

Makler am Trapez der Sprache: Wir ziehen den Hut.

Ein Teil des Raumes ist genial für Ihren Schlafbereich, den Sie mit großen gemütlichen Kissen, Bett oder einer sogenannten Funktionscouch, welche sich ausklappen lässt, einrichten können. Bringen Sie einen Hauch des orientalischen Zaubers in Ihre eigenen vier Wände. Lassen Sie sich morgens vom Vogelgezwitscher oder dem Kuss Ihres Liebsten oder Ihrer Liebsten aufwecken und starten Sie mit voller Energie in den Tag … ODER genießen Sie einfach Ihre persönliche Ruhe.

Was hat eine Funktionscouch mit orientalischem Zauber zu tun?!

Das großzügige Wohnzimmer verfügt über verschiedenste Stellflächen und die Möglichkeit, Ihre persönliche Individualität in diesem Raum zu verwirklichen.

Landschaftlich wurde hier ein Mosaik aus wertvollen Naturräumen geschaffen, das heute seinesgleichen sucht.

DIE WAHREN POETEN

Genießerwohnung mit Sonnenterrasse für Durchstarter

Liebesnest in frisch sanierten Wänden

Ist der Sex da besser?

Ein schöner Innenhof sowie eine Dachterrasse laden Sie ein, in den gut temperierten Zeiten das Leben an frischer Luft zu genießen.

Dem Schlummerschlaf entzogen, präsentiert sich diese CITY-GRÜNE Wohnanlage nun den nationalen und internationalen Interessenten.

Ist sie etwa mehrsprachig?

DIE WAHREN POETEN

Wohnen Sie mittendrin statt nur dabei!

Oder statt obendrüber!

Wohnen in der Esplanade Residence ist die Entscheidung für ein Ambiente von vollendet stilvoller Prägung und repräsentativer Eleganz mitten in der Metropole und doch komfortabel zurückgezogen in der Ruhe Ihres privaten Domizils. Das Interieur der Wohnungen ist geprägt von Klarheit, Vielfalt und Eleganz. Transparenzen, Durchblicke und beeindruckende Perspektiven schaffen ein intensives Erlebnis der Einheit von Licht und Raum. Hochwertige Details überzeugen mit funktionaler Schönheit.

Wunderschöner Text voller Klarheit, Vielfalt und Eleganz, der nur in der Ruhe eines privaten Domizils entstanden sein kann.

Der Lage entsprechend wurden die Flächen auf einem besonderen Niveau geplant.

DIE WAHREN POETEN

Ein Penthouse Duplex, der das Attribut »einzigartig« als Summe aller Details in Bezug auf die Lage, die Ausstattung und den technischen Standard verkörpert.

Hier zieht auch der Sommer gerne ein!

Und was ist mit Frühling, Herbst und Winter?

Das voll erhaltene Treppenhaus ist Zeitzeuge der Zwanzigerjahre.

Dann erzähl doch mal, liebes Treppenhaus: Wie war das so in den goldenen Zwanzigern?

Der wirklich schöne Blick ins Grüne, ein sehr ansprechend großer Balkon mit Süd-Ost-Ausrichtung, ein moderner, in Dielenoptik gehaltener Boden und ein gut nutzbarer Grundriss bieten Möglichkeiten, ein tolles Zuhause darzustellen.

Sind wir hier am Theater?

Auf einem ca. 6.300 qm großen Grundstück entsteht seit Juni 2010 ein sichelförmiger Solitär im eleganten Stil der Frühmoderne und nach dem Vorbild altenglischer Crescents.

Das geht ja auf keine Kuhhaut!

Hier schlägt das Herz des Bonner ÖPNV.

Kein Grund zur Panik!

Diese Skulptur rundet das Gesamtbild für höchste Lebensqualität ab.

Der Eigentümer legt sehr viel Wert auf ein stimmiges Gesamtkonzept, welches die beiden Häuser nach detailgetreuer Sanierung in ein einzigartiges Kunstwerk verwandelt.

Im Erdgeschoss wurde eine Einliegerwohnung separiert, welche leicht dem Wohnbereich wieder zugeführt werden kann. Hierdurch erreicht das Haus einen großzügigen Lebensraum und bietet vielfältige Nutzungsmöglichkeiten im Parterre. Freie Lufträume zum Obergeschoss verstärken diesen Eindruck bemerkenswert.

PROVISIONSFREI – Fröhliche Wohnung sucht geballtes Leben!!

Da wird einem angst und bange.

Hier wurde die Wohnung neu erfunden!

Ist das eine Drohung?

Diese Kombination macht den besonderen Charakter der Wohnung aus. Die Wohnung wird daher von einem Mieter gemietet werden, der genau dies sucht.

Erklären kann man das nicht.

Das denken wir bei diesen Immobilienanzeigen oft.

Das Zweifamilienhaus präsentiert sich im gepflegten fast originären Zustand der frühen Sechzigerjahre, erbaut nach den Vorstellungen einer Familie mit flexiblen Wohnansprüchen.

DIE WAHREN POETEN

Hier entstehen Eigentumswohnungen, jede davon Ausdruck eines starken Gestaltungswillens und vollkommener Individualität.

So haben wir Eigentumswohnungen noch nie gesehen.

Ihre Terrasse fängt eine Menge Sonne ein.

Die sympathische Nachbarschaft und der kurze Weg zur S-Bahn werden durch die attraktive Architektur ergänzt.

Verstehen muss man das nicht, oder?

Vor dem Wohnzimmer reckt sich der Balkon der Sonne entgegen.

Hoffentlich verrenkt er sich dabei nicht den Hals.

Die gut erhaltene Flügeltür, hohe Decken und toller Deckenstuck unterstützen das sehenswerte Ambiente.

Vielen Dank für den tollen Support, liebe Decken!

Nicht ganz leicht ist die Entscheidung, ob Sie Ihren Kaffee auf dem Balkon vor dem Wohnzimmer schlürfen oder das Sonnenbad auf der Dachterrasse genießen.

Das sind wahre Herausforderungen für Entscheidungsträger.

Nach Süden hin bildet das Grundstück eine geschlossene Hofsituation.

Ein Garten mit historischem Backsteingebäude bildet den beruhigten
Mittelpunkt der Häuser.

Lassen Sie sich begeistern von mehr
als 35 m² lichtverliebtem Wohnzimmer.

**Jetzt verlieben sich sogar
schon Wohnzimmer.**

Börse, Alte Oper, Banken und Goethe-
straße haben uns die Signale für eine
gediegene, distinguierte Grundstimmung geliefert – und wir haben diese
Signale umgesetzt in Atmosphäre.

Das war bestimmt ein hartes Stück Arbeit.

Die Zukunft braucht ein Zuhause.

Soll sie bekommen!

Die ideale Wohnung für den anspruchsvollen Single, das kosmopolite Paar oder die moderne Familie. **Also für alle und jeden.**

Genießen Sie die Großzügigkeit Ihrer Vierzimmerwohnung und schauen Sie nicht nur in Ihren eigenen Garten, sondern auch in eine gesicherte Zukunft.

Aus dem schicken Tageslicht-bad kommen Ihre Gäste gar nicht mehr raus. **Hilfe!!!**

Kieswege führen zwischen zarten Gräsern und blühenden Stauden hindurch. Das Grün des Gemeinschaftsbereichs verschmilzt – natürlich begrenzt und daher kaum sichtbar – mit den Privatgärten der Erdgeschoss-Wohnungen.

Dieses großzügige Einfamilienhaus in absoluter Idylle lebt von seinen Highlights.

Zur Besichtigung treffen wir uns.

Ach!

Aus den bodentiefen Fenstern mit Ausblick über die Dächer von Schwerin lässt sich auch der Kaffee genießen ...

In Mecklenburg-Vorpommern gibt es merkwürdige Bräuche: Dort wird der Kaffee aus Fenstern getrunken.

Das Wohnzimmer mit über 30 m^2 und den bis zum Boden reichenden Fenstern ist die Schaltzentrale.

Die Nähe zur Stadtautobahn und zum Rudower Stadtkern ermöglicht Ihnen die perfekte Vereinigung von Beruf und Familie.

Unsere Neubau-Eigentumswohnungen in der Metropol-Region Rhein-Main sind immer das Ergebnis einer unvergleichlichen konzeptionellen Idee und überzeugenden Philosophie. Deshalb heißen Eigentumswohnungen bei uns Wohnkonzepte.

Also ganz ehrlich, in einem Konzept möchten wir nicht wohnen!

Von außen sehen Sie dem Haus nicht an, welche Reserven an Wohnfläche es bietet.

DIE WAHREN POETEN

Das ist Wohnen – Ihrem
Lebensrhythmus angepasst.

Einfach genial, dass der Makler
unseren Lebensrhythmus kennt!

S. in Offenbach ist die gelungene
Harmonie von Architektur, Design
und Wohnkomfort mit der Umwelt
und bewussterem Leben.

Nun schalten wir
aber mal einen
Gang zurück, ja?

Die großen Fensterfronten mit ihrer
lichterfüllten Transparenz binden
den beeindruckenden Außenraum
wirkungsvoll ins Innere ein.

Ein kleines privates Para-
dies, in dem man mit Stil
und Stille gut leben kann.

Poeten an die Macht!

Dieses stilvolle und hochherrschaftliche Gebäude eignet sich ausgezeichnet für eine Verbindung von repräsentativem Wohnen und kreativem Arbeiten unter einem Dach. Dies spricht Privatdozenten genauso an wie Wissenschaftler und Forscher, Anwälte und Ärzte, Industrielle und Künstler.

Voller Ehrfurcht knien wir nieder.

Überall begleitet Sie die Handschrift einer anspruchsvollen Bau- und Ausstattungsphilosophie.

Annehmlichkeiten, Behaglichkeit und individuelle Lebensqualität gaben den Ausschlag für die Entscheidung, einen Bungalow zu bauen.

Schon klar, in einem mehrstöckigen Haus ist so etwas natürlich nicht umzusetzen.

DIE WAHREN POETEN

So entsteht eine ambitionierte Symbiose aus Wohnen und Arbeiten, Familie und Natur, Großstadt und persönlichen Rückzugsbereichen.

Jetzt sind schon die Symbiosen ambitioniert!

Originalität, Qualität und Funktionalität in einem überzeugenden Raumkonzept auf intelligente Art und Weise.

Das Ganze natürlich im Allgemeinen und im Besonderen – und überhaupt ...

Die Wohnungen sind in verschiedenen Größen für jeden Bedarf an Entfaltung angelegt.

Da ist sie wieder, die Entfaltung.

Dann sieht man auch schon mal ein prominentes Gesicht, das sich begeistert den Reizen des Schlosses hingibt.

Jedes Möbelstück lässt sich hier
als Kunstwerk inszenieren.

Wie geht das?!

Cabrio-Wohnen auf der
Kommandobrücke. Wer
hier lebt, hat es geschafft.

**Wer so etwas zu Papier bringt,
hat es leider noch nicht geschafft.**

Diese Immobilie fällt durch ihr sehr
elegantes und komfortables Innen-
leben besonders aus dem Rahmen.

Diese Hauser Penthouse zu nennen,
wäre reines Understatement.

DIE WAHREN POETEN

209

Zwischen Weiß und Schwarz liegen alle Farben dieser Welt. Sie stehen symbolisch für die buntesten Lebensentwürfe, denen wir Raum geben wollen.

Haben wir nicht schon immer vor einem Gläschen Sekt am Vormittag gewarnt?

Zum Relaxen und Entspannen lädt das schön eingewachsene Grundstück ein.

Könnte das unter Umständen dasselbe sein?

Das Zusammenspiel von familiären Komponenten, wie die Nähe zu Schulen aller Art, und die optimalen Verkehrsanbindungen machen das Objekt zu einer Rarität.

Schulen und Straßen in der Nähe: Das ist wirklich eine einzigartige Kombination.

Die exklusiven Wohnungen leben
von Licht, Luft und Sonne.

Dann müssen wir das Ernährungskonzept
halt entsprechend ändern.

Wo Exzellenz zu Hause ist.

Hallo, Exzellenz, wie geht's denn so?

Ein Bauwerk auf einer Grund-
stücksfläche von rund 30.000 m²,
eine denkmalgeschützte Ikone
moderner Industriearchitektur.
Aufwendig saniert, erwächst aus
bewegter Vergangenheit eine
lebendige Zukunft.

DIE WAHREN POETEN

Eine unvergessliche Adresse.

Gut zu wissen – wenn man nach einem feucht-
fröhlichen Abend aus der Kneipe kommt.

Der Kultur, dem Sport und der Erholung begegnet man in vielen Einrichtungen der Gemeinde.

Hallo, Erholung!

Das Objekt befindet sich in ruhiger Lage und verfügt nicht nur über ein helles Flair, sondern vielmehr auch die Gewissheit, endlich zu Hause angekommen zu sein.

Endlich Gewissheit: Wie schön für das Objekt!

Reduzierte Klarheit.

Also so einiges unklar, oder was?

Hier können Sie sich auf ca. 170 m^2 Wohnfläche ebenerdig entfalten.

Wir bieten hier ein Bravourstück – innen und außen mit Licht und Kontrasten.

Hohe Decken, Stuck und eine eigene Kapelle verleihen dem Haus auf drei Etagen noch die Großzügigkeit und die Eleganz des 19. Jahrhunderts. Im Einklang damit schaffen große Design-Bäder, eine frei schwebende Treppe oder die modernen Küchen den gelungenen Stilmix und versprühen einen Hauch internationaler Urbanität.

Den Pfarrer müssen wir aber gewiss mitbringen, oder?

Über Sinn und Sinnlichkeit.

Schon beim Morgenkaffee auf dem Sonnenbalkon schaut die Sonne zu und bleibt Ihr Begleiter bis zum Schoppen am Abend.

Verbringen Sie den gesamten Tag trinkend auf dem Sonnenbalkon!

Best of (3)

Unsere Anzeige »Die wahren Poeten«

KLASSISCH SCHÖN, SINNLICH, SELBSTBEWUSST: EIN SOLITÄR

Dankbar haben wir die Signale des umgebenden Mosaiks aus wertvollen Naturräumen für eine gediegene, distinguierte Grundstimmung aufgegriffen und ein Ambiente von vollendet stilvoller Prägung und repräsentativer Eleganz geschaffen: eine Stadtresidenz für höchste Ansprüche, die bei aller Größe leicht wirkt, fast schwebend. Die klare Architektur überzeugt mit ihrer modernen Formensprache und bildet eine einzigartige Symbiose mit der anspruchsvollen Bau- und Ausstattungsphilosophie. Transparenzen, Durchblicke und beeindruckende Perspektiven schaffen ein intensives Erlebnis der Einheit von Licht und Raum und bieten ein Gefühl von Räumlichkeit, welches Sie selten finden. Hochwertige Details überzeugen mit funktionaler Schönheit und akzentuieren den starken Gestaltungswillen. Wohnen und Leben im gehobenen Segment ist hier gelebte Selbstverständlichkeit.

Mehr residieren denn wohnen: Das ist Ihr Anspruch. Zu Recht. Vereinbaren Sie einen Besichtigungstermin mit uns und lassen Sie sich überwältigen.

BH Immobilienkontor
Telefon +49 30 11223344
www.bh-immobilienkontor.de

DIE WAHREN POETEN

Rätselhaftes

Backen aufblasen!

Es gibt Anzeigen, bei denen wir allerschwerst ins Grübeln gekommen sind: Was will uns der Makler damit nur sagen?!

Einige Verständnisschwierigkeiten beruhen wohl auf der suboptimalen Beherrschung der deutschen Sprache. Dann ist ein »Erstbezug nach der Saniert« möglich oder gibt es »formurtechnische Gründe«. Besonders schön sind solche Holprigkeiten, wenn die Makler den Eindruck allergrößter Exklusivität erwecken wollen. Dazu passen dann die bodentiefen Fenster, die den Blick in den Garten schweifen lassen, ganz und gar nicht. Und auch nicht: »Für nähere Informationen wenden Sie sich gern bei uns.« Verona Pooth alias Feldbusch lässt grüßen.

In anderen Fällen sind die Angaben derart kryptisch, dass wir nichts damit anzufangen wissen: »Sonstiges. Heizung«. Gibt es eine Heizung? Funktioniert sie? Oder muss man sie reparieren oder vielleicht gar mitbringen? »mieten wohnung«. Kann man hier eine Wohnung mieten? Oder ist der Inserent gerade selbst auf Suche? »Ist doch logisch.« Für uns alles – nur nicht logisch.

Bei manchen Überschriften haben wir uns gefragt, ob hier tatsächlich eine Wohnung im Angebot ist. »Klaus hat gesagt«, »Petra genießt den Garten«. Wer nur sind Klaus und Petra? Bei »Darf es ein wenig mehr sein?« haben wir an die flinken

Hände der Metzgersgattin gedacht, bei »Die Zutaten« an das Rezept für die Weihnachtsplätzchen, nicht jedoch an eine Immobilie.

Andere Angaben lassen nur einen Schluss zu – Makler sind in anderen Sphären unterwegs. Kleine Kostprobe: »Chillen in Style.«

Viel Erfolg beim Rätselraten!

Momentan wird der Bereich der warmen Jahreszeit als weiterer Freisitz genutzt.

Muss man nicht verstehen, oder?

Die Wohnung stellt Erstbezug nach Totalsanierung dar.

Wohnung sucht neue Herbstmode, wüssten Sie da was?

Schauen Sie doch mal bei C & A rein.

Die gemütlichen Schrägen wurden mit teuren Nussholzeinbauten im Kniestockbereich sinnvoll genutzt, wobei auch eine Wohnlandschaft samt integriertem Kühlschrank berücksichtigt wurde.

Wie mag das aussehen?!

Durch die komplett verglaste Wand mit Schiebetür wird diese Fläche in den Essbereich einbezogen und bildet gleichzeitig eine geschlossene Einheit.

Ein Zimmer mit Loggia oder eine Loggia mit Zimmer???

Woher sollen wir das denn wissen???

Ästheten wollen Plätze.

Wir auch.

Zentrale Lage in frisch sanierter Wohnung.

Erstbezug nach Sanierung sucht neue Mieter.

Lieber Erstbezug, da wünschen wir dir viel Erfolg bei der Suche.

Sonstiges. Heizung

Wie jetzt?

Das neu verlegte Fischgrätparkett und die Stuckleisten erinnern an die herrschaftlichen Zeiten, welche im neuen Bad und der neuen Einbauküche wieder erlebt werden dürfen.

Fischgrätparkett im Bad?!

Das »Wintergarten-Treppenhaus« verbindet den rechten und linken Bereich des Hauses, sodass diese auch separiert sind.

Wegen der Verbindung sind die Bereiche getrennt. Logisch, echt logisch!

Zum Garten gehört ein kleiner Schuppen, wer seine Freiheit liebt, wird auch diese Wohnung lieben.

Haust der Freiheitskämpfer im Schuppen?

Reserviert! – Für den Hobbykoch oder für eine WG.

Ist ja auch irgendwie dasselbe.

List ist der nördlichste Punkt von Deutsch.

Komm Karl, ziehen wir nach Bad Vilbel.

Och nö!

Null Kalorien und neun
Minuten zum Alex

Der Tipp gehört in jeden
Diätratgeber.

Die wahre Schönheit liegt
im Auge des Bewohners.

Oder so ähnlich.

»Sachen schon gepackt?« Kein
Problem! Wir halten schon die
Umzugskartons für Sie bereit!

Dann braucht man doch keine
Umzugskartons mehr!

WOHNEN IN DER MITTE BERLINS
FÜR KLEINWÜCHSIGE.

Genießen Sie die Natürlich-
keit, die sich Ihnen bietet.

Die Größe der Wohnungen wird Ihren
individuellen Bedürfnissen angepasst.

Wie das?!

Eingebettet in ein natürlich bewach-
senes Grundstück bietet zur Nutzung
als Vermietungsobjekt ein entspan-
nendes Umfeld für Feriengäste.

**Gut, dass wir hier nicht unseren
Urlaub verbringen müssen.**

Intelligent wohnen. Auch
wenn man nicht zu Hause ist.

**Unintelligent texten.
Auch wenn man zu Hause ist.**

RÄTSELHAFTES

223

Die Wohnung ist bereit sich zu bewegen, wenn Sie es wollen.

Wir wollen!

Backen aufblasen.

Und dann?

Chillen in Style.

Der Stadtteil definiert sich über seine zahlreichen Facetten, die die Umgebung prägen.

Diese Lage müssen Sie suchen, interessant sowohl für den Sanierer als auch für den Lagekäufer, der die Gelegenheit erkennt!

Diese ausgeschlafenen Lagekäufer!

Eine Menge Haus haben wir für Sie.

**Das können Sie dann
gleich hier vorne abladen.**

2 Single Raum Wohnung in Steglitz.

2 und Single: Wie das?

Gesamt Wohnung ist Komplett renoviert
bzw. Erstbezug nach der Saniert.

Restaurants und Geschäfte
werden simultan erstellt.

Eine vielfältige Gastronomie- und Kneipkultur sind vorhanden.

Benutzen Sie nicht den Kontaktformular, weil ich werde nicht empfangen Ihre Nachricht.

Vielleicht mal reparieren lassen, den Kontaktformular?

Die Waren des täglichen Bedarfs sind bequem mit Fuß zu erreichen.

Die Wohnung hat zwei Zimmer, die eine ist 15 m², der andere 25 m².

Trial and error.

Sehr fotoristischer, gepflegter
Altbau nahe Ku'damm.

Hast du die Kamera dabei?

Es gilt eine Pauschalmiete von 1.100 €
inklusive Nebenkosten. Die Kaltmiete ist
nur aus formurtechnischen Gründen
eingetragen.

Diese Formurtechnik!

Gemeinschaftsraum. Einer
für alle, alle in einem.

Platzangst greift um sich.

Jeder Ort hat seine Geschichte.
Schreiben Sie Ihre eigene.

**Dieser Makler sollte vielleicht mal
eine kleine Schreibpause einlegen.**

Die Wohnung ist derzeit vermietet, wobei die Mieterin flexibel ist.

Was ist noch gleich eine flexible Mieterin?

Das Dachgeschoss ist zurzeit in zwei kleine Wohnungen aufgeteilt. Ein Highlight ist, dass hier die Möglichkeit besteht, weiteren Wohnraum zu schaffen. **Wie das?**

Lifestyle am Scharmützelsee

Das Waldstadion ist für Motor- und Pferdesport das sportliche Markenzeichen der Gemeinde schlechthin.

RÄTSELHAFTES

Die Wohnung eignet sich aufgrund der Zimmereinteilung für ein Ehepaar mittleren Alters ohne Kinder.

Auf welche Zimmereinteilung stehen Paare mittleren Alters denn so?

In wenigen Minuten bin ich in Frankfurt und mein Schatz am Flughafen.

Das ist schön für euch!

Das repräsentative Haus besitzt den Charme der Zwanzigerjahre und eines staatlichen Bürgerhauses.

Staatliches Bürgerhaus: Ein stimmiges Konzept.

Mauerwerk meets Moderne.

Scharfes Date!

Bad Soden: Wohnraumwiese
im Musikerviertel!

**Sind die Wohnungen dort
schon so knapp, dass
jetzt auch die Wiesen
locker weggehen?**

Ursprünglich die Eigentümerwohnung,
hat Appeal. Küche kostenfrei inkludiert.

**Deutsch hat manchmal
ziemlich wenig Appeal.**

Mit dem Fernsehturm auf Augenhöhe,
Ihr Bett ist schon da!

Petra genießt den Garten.

Während Klaus beim Rasenmähen schwitzt?

In Ihrem Wohnzimmer sind alle Möglichkeiten für Ihre Möblierung offen. Viele Variationen der einzelnen Bereiche können hier gestaltet werden.

Lustobjekt.

Kinder, schaut mal bitte kurz weg!

Ruhig und doch zentral. Belebend, aber nicht betäubend. Mondän, nicht manieriert. Tradiert, aber nicht altbacken.

Unfug – eher betäubend als belebend!

Der Tag wird gut.

Und die Nacht erst!

Darf es ein wenig mehr sein?

Am Stück oder in Scheiben?

Der helle Wahnsinn.

Das denken wir bei diesen Anzeigen immer wieder.

Die Zweizimmerwohnung im 1. Obergeschoss ist in den ruhigen und grünen Hofgarten gelegen.

Nach 20 Uhr ist der Straßenbahnverkehr weitestgehend eingestellt und wird fast zur Fußgängerzone.

Seit Jahren und Abend für Abend dasselbe Schauspiel: Mehrere Hundert Menschen versammeln sich hier, um diese schier unglaubliche Mutation des Straßenbahnverkehrs in eine Fast-Fußgängerzone live mitzuerleben. Das muss man einfach gesehen haben!

Die ruhige und doch zentrumsnahe
Lage ist etwas für Kenner.

Ruhig und zentral: Da muss man
nicht besonders ausgeschlafen sein.

Das Wohnzimmer mit dem
offenen Kamin und den bodentiefen Fenstern ist ein Wort.

Ein Wohnzimmer – ein Wort.

Die formale Sprache des Hauses bildet mit
seiner klaren geometrischen nach Süden
und Westen gerichteten Glasfassade einen
reizvollen Kontrast zur Stadtlandschaft.

Glasfassade und Stadtlandschaft:
ein bärenstarker Kontrast.

Die Maisonettewohnung mit Potenzial zum kreativen Wohnen ist eine anspruchsvolle Herausforderung zur Erfüllung individueller Wohnwünsche.

Wir suchen aber eine Maisonettewohnung mit Potenzial zum anspruchsvollen Wohnen, die eine individuelle Herausforderung zur Erfüllung kreativer Wohnwünsche ist.

Eine gewachsene, lebendige Infrastruktur mit hoher Verweilqualität befindet sich in unmittelbarer Nähe.

Unglaublich schöne und sinnliche Dachgeschosswohnung in zentraler Lage. Dank der Zimmerverteilung aber auch zum Durchschlafen geeignet.

Herrliche Aussichten!

Das Schatzkästlein
Am Wohnfühltelefon

Beim Lesen all der Anzeigen sind wir immer wieder auf wunderschöne Wortschöpfungen gestoßen – wahre Sprachblüten. Die 25 besten haben wir für Sie hier noch einmal zusammengestellt.

Tauchen Sie ein in die von kosmopoliten Paaren bewohnte Welt der Master Bedrooms, Wohnraumwiesen und Livingzonen!

1. Master Bedroom
2. Highend-Wohnung
3. visionäres Servicewohnen
4. Living-Wohnzimmer
5. Wohngenießer
6. kosmopolites Paar
7. Livingzone
8. Homes to fit
9. Sonderwunschmanagement
10. Einrichtungs-Features
11. Cabrio-Wohnen
12. Wohlfühlwohnen
13. Masterbadezimmer
14. stilistische Statements
15. Wohnfühltelefon
16. Wohnraumwiese

17. perfekter Wohlfühlfaktor
18. Powerdusche
19. zeitgemäße Wohnerwartungen
20. moderne Kochbegehrlichkeiten
21. Luxus-Rund-um-Dusche
22. großzügiges Wohngefühl
23. Outdoor-Essbereich
24. wellnessorientierte Bäder
25. Konzeption von Lebensgefühl

Ein Wohnfühldialog mit diesen Wortschöpfungen könnte so aussehen:

Das perfekte kosmopolite Paar: Sie in Bobitz, er in Schwanebeck, bald in Hitzacker vereint. Sie greift zum Bobitzer, er zum Schwanebecker Wohnfühltelefon.

Sie: Ich denke gerade über die Ausstattung unserer neuen Highend-Wohnung auf der hitzackerschen Wohnraumwiese nach. Ein absolutes Must-have ist für mich ein wellnessorientiertes Bad mit Luxus-Rund-um-Dusche.
Er: Aber die Dusche muss ich auch als Powerdusche nutzen können. Ansonsten kann ich – trotz Erdmandel-Braunhirse-Crunchy – echt keinen dynamischen Start in den Tag hinlegen.
Sie: Das gilt auch für mich! Ohne Powerdusche fehlt mir einfach der perfekte Wohlfühlfaktor. Da hilft auch der morgendliche Lupinenkaffee nicht.
Er: Neben dem Masterbad brauchen wir zwei Wohngenießer natürlich ein großes Living-Wohnzimmer mit großer Livingzone, die ein großzügiges Wohngefühl vermittelt. Ansonsten sehe ich unsere zeitgemäßen Wohnerwartungen absolut nicht erfüllt.
Sie: Da hast du vollkommen recht. Und die Einrichtungs-Features müssen geradezu berauschend sein. Wir sollten

uns auf jeden Fall noch einmal beim Sonderwunschmanagement des Bauträgers vergewissern. Schließlich haben wir keine Hundehütte gekauft, sondern ein Home to fit.

Er: Ja, da kannst du gleich noch einmal zum Bobitzer Wohnfühltelefon greifen und dich direkt mit dem Sonderwunschmanager verbinden lassen. Beim Master Bedroom ist mir nur eines wichtig. Es muss klare stilistische Statements aufweisen. Anderenfalls bekomme ich unklare Träume.

Sie: Ja, ich weiß. Du sollst in unserer Highend-Wohnung natürlich nur Highend-Träume haben. Wie sieht es mit der Küche aus? Wird die moderne Einbauküche unseren modernen Kochbegehrlichkeiten gerecht?

Er: Nein, das ist vollkommen unzureichend. Wir brauchen einen Outdoor-Essbereich, in dem wir unsere frisch aufgetauten Pizzen mit Open Air Feeling zu uns nehmen können.

Sie: Dank des visionären Servicewohnens können wir uns ja auch mal schnell etwas vom Asia-Imbiss oder von der Dönerbude kommen lassen. Das ist für mich Wohlfühlwohnen.

Er: Und es erinnert ein wenig an das Cabrio-Wohnen, von dem du immer geträumt hast.

Sie: Unsere Konzeption von Lebensgefühl ist eben einfach perfekt!

Tom König. Ich bin ein Kunde, holt mich hier raus. Irrwitziges aus der Servicewelt. Mit zahlreichen Illustrationen von Greser & Lenz. KiWi 1293. Verfügbar auch als ▪Book

Liebe Kunden,

wir bieten Ihnen heute: die irrwitzigsten Geschichten aus der Servicewelt. SPIEGEL-ONLINE-Kolumnist Tom König verrät Ihnen, warum Apotheker so gern Zink empfehlen, wieso Waffeleis nicht im Sitzen verzehrt werden darf, wie viel Vanille im Vanillejoghurt ist und wie Telefongesellschaften Vertragskündigungen unmöglich machen wollen. Greifen Sie zu! Das Buch zur erfolgreichen SPIEGEL-ONLINE-Kolumne »Warteschleife. Mein Leben als Kunde.«

www.kiwi-verlag.de

Stefan Schultz. »Wer lacht, hat noch Reserven«. Die schönsten
Chef-Weisheiten. KiWi 1263. Verfügbar auch als ◼Book

Merkwürdige Motivationstechniken, seltsame Sprachbil-
der, weltfremde Weisheiten: Die Chefetagen vieler Firmen
werden von Motivationsrambos und Code-Meistern be-
völkert. Tausende von Angestellten haben ihre Perlen der
Chef-Weisheiten an SPIEGEL ONLINE geschickt. Und mehr
als 10 Millionen Leser haben die Rubrik binnen kürzester
Zeit aufgerufen. Dieses Buch versammelt die skurrilsten,
lustigsten und besten Chef-Sprüche der Nation.

www.kiwi-verlag.de